南京水利科学研究院出版基金资助

ANALYZING RUNOFF, SEDIMENT,
NITROGEN, AND PHOSPHORUS
DYNAMICS IN THE UPPER XIN'AN
RIVER BASIN UNDER CHANGING
ENVIRONMENT: A SIMULATION STUDY

变化环境下新安江流域上游

径流—泥沙—氮磷模拟与分析

王思如 ◎ 著

河海大学出版社
HOHAI UNIVERSITY PRESS
·南京·

图书在版编目(CIP)数据

变化环境下新安江流域上游径流-泥沙-氮磷模拟与分
析 / 王思如著. -- 南京 : 河海大学出版社，2024. 11.
ISBN 978-7-5630-9442-4

Ⅰ. X321.2

中国国家版本馆 CIP 数据核字第 202463U0T8 号

书　　名	变化环境下新安江流域上游径流-泥沙-氮磷模拟与分析	
	BIANHUA HUANJING XIA XIN'AN JIANG LIUYU SHANGYOU JINGLIU - NISHA - DANLIN MONI YU FENXI	
书　　号	ISBN 978-7-5630-9442-4	
责任编辑	俞　婧	
特约校对	滕桂琴	
装帧设计		
出版发行	河海大学出版社	
地　　址	南京市西康路 1 号(邮编:210098)	
电　　话	(025)83737852(总编室)　(025)83787476(编辑室)	
	(025)83722833(营销部)	
经　　销	江苏省新华发行集团有限公司	
排　　版	南京布克文化发展有限公司	
印　　刷	广东虎彩云印刷有限公司	
开　　本	718 毫米×1000 毫米　1/16	
印　　张	9.375	
字　　数	168 千字	
版　　次	2024 年 11 月第 1 版	
印　　次	2024 年 11 月第 1 次印刷	
定　　价	68.00 元	

前　言

新安江水库(也称千岛湖)是我国长三角地区的重要水源,维系千岛湖生态环境的新安江流域是我国不可多得的优质水源地与生态屏障。20世纪70年代以来,受气候变化与人类活动影响,新安江流域的水资源与水环境发生变化,威胁到区域供水安全。开展变化条件下新安江流域的水文与水质效应研究具有重要的科学意义与应用价值。

本书以新安江流域上游(街口站以上)为研究区,基于多源观测数据分析了水量水质变化及其影响因素;构建了分布式水文与生物地球化学过程耦合的数值模型,模拟了1980—2019年流域径流-泥沙-氮磷演变过程;解析了坡面径流、土壤侵蚀和氮磷负荷的时空特征及其影响因素,揭示了流域水量与氮磷物质平衡关系及河道水质变化规律;基于未来气候模式结果,采用机器学习算法预估了未来变化情景,通过数值模拟预估了未来50年流域径流与水质变化。主要结论如下:

(1)站点观测数据分析结果显示,研究区在1970—2019年的气温以0.012～0.036 ℃/a的速率上升,降雨日平均雨强以每年0.002～0.090 mm/d的速率增加;日流量的极大与极小值分别发生在6月中旬和10月下旬至11月下旬;年内的径流涨落逆转次数和低流量脉冲次数每年分别增加0.38～0.55次和0.11～0.37次;河道总氮(TN)浓度在枯水期较高,总磷(TP)浓度在汛期较高。

(2)数值模拟结果分析表明,研究区在1980—2019年坡面TN和TP负荷分别为3 219.2 kg/(km² • a)和293.3 kg/(km² • a),入河系数分别为0.40和0.38,汛期TN和TP入河量分别占年总入河量的65%和63%,河道TN和TP滞留系数分别为0.86和0.89;TN负荷强度的年际变化受径流、土壤侵蚀和流域污染输入等因素影响,其空间分布与土地利用分布具有较好的一致性;TP负荷强度的年际变化主要受降雨—径流过程影响,其空间分布与径流分布一致;大气氮沉降对 TN 入河量的贡献率高达 65%～71%,说明大气沉降污染是该水源地的主要污染源。

(3) 基于 SSP1-2.6、SSP2-4.5 和 SSP5-8.5 情景的预估结果显示,2021—2070 年研究区径流量将减少 0.7%～5.9%,SSP1-2.6 和 SSP2-4.5 情景下流域出口 TN 和 TP 负荷将分别减少 19.9%～24.5% 和 0.3%～4.6%,SSP5-8.5 情景下 TN 与 TP 负荷将分别增加 4.5% 和 7.7%,说明绿色发展对维持新安江水源地优良水质的重要性。

以上研究成果可为新安江水源地科学应对气候变化与管理水土资源、促进高品质水源地水质保护提供依据。

本书的出版,得到了国家自然科学基金"水源地流域面源污染模拟与来源解析"(52109062)、重大科技开发项目"黄山市新安江水生态修复与治理工程技术方案研究"(Hj520087)和南京水利科学研究院出版基金的资助,作者在此深表感谢。

目　录

CONTENTS

第 1 章

绪 论

1.1　研究背景及意义

随着经济社会发展,人们对高品质饮用水的需求不断增加,饮用水水源地保护越来越重要。饮用水水源地是指提供居民生活及公共服务用水的取水工程的水源地域。我国已建成超过 4 000 个集中式饮用水水源地,包括湖泊、水库、河流、地下水四种类型。截至 2020 年,我国人口超过 100 万的 340 个地级市和55 个县级市调查数据显示,共有 1 093 个集中式饮用水水源地,其中湖库型与河流型水源地数量占比分别为 41％和 31％(Zhang et al.,2022)。根据《第三次全国水资源调查评价报告》(2023 年),地表水集中式饮用水水源地水质合格率为 82％,其中 592 个国家重要水源地水质合格率为 80％。湖库型水源地作为我国饮用水水源地的最主要类型,供给了 47％的城市人口的水资源需求。然而,受到气候变暖与强人类活动的影响,湖泊和水库正面临着有害藻华和水质恶化的风险,可能会增加湖库供给饮用水的脆弱性(Ho et al.,2019;Huisman et al.,2018;Michalak et al,2013;Paerl et al.,2008;Woolway et al.,2020)。

氮(N)和磷(P)通常被单独或共同认为是陆地生态系统初级生产力的主要营养限制因子(Vitousek et al.,2010)。中国典型湖泊营养状况研究中 9 个湖库型饮用水水源地均出现总氮(TN)或总磷(TP)浓度高于《地表水环境质量标准》(GB 3838—2002)中Ⅲ类阈值的现象(李娜 等,2018)。许多文献报道了非点源(NPSs)污染是水源地氮磷污染问题的主要原因(Chen et al.,2013;Rao et al.,2022;Shen et al.,2014;Sun et al.,2012;Volk et al.,2016;Xia et al.,2017)。太湖流域污染负荷中 83％的 TN 和 84％的 TP 来自农业 NPSs 污染(张红举,陈方,2010),洞庭湖区农业 NPSs 污染对 TN 和 TP 入湖量的贡献率分别为 61％和 80％(秦迪岚 等,2012)。国家统计局统计数据显示,1980—2019 年我国肥料施用量(包含 N、P_2O_5 和 K_2O)由 $1.3×10^9$ kg/a 增长至 $5.4×10^9$ kg/a。同时,大量研究表明农业 NPSs 污染是我国水环境污染的主要威胁之一(Foissy et al.,2013;Ongley et al.,2010;Shen et al.,2012;Volk et al.,2016)。根据《第二次全国污染源普查公报》(2020 年),农业 NPSs 污染排放到水体的 TN 和 TP 负荷分别占全国 TN 和 TP 污染排放量的 46.5％和 67.2％。

通常来说,农田径流、畜禽养殖、水产养殖、农村生活及土壤侵蚀是地表输入 NPSs 污染的主要类型(He et al.,2020;Liu et al.,2015),而大气氮磷沉降是一种通过大气输入的 NPSs 污染(Chang et al.,2015)。许多研究表明,受人口增加、化石燃料燃烧以及汽车尾气排放等影响,大气氮沉降已成为水体污染的主要来源之一,而大气磷沉降也逐步受到关注(Ohara et al.,2007;Zhai et al.,2009;Zhu et al.,2016;Zhu et al.,2020)。1980s—2000s 我国大气氮沉降由 13.2 kg/(ha·a)增长至 21.0 kg/(ha·a)(Gao et al.,2020)。2006—2015 年三峡库区大气氮沉降对河道 TN 负荷的贡献率约为 12.9%(Chen et al.,2022),湖北省范围内三峡库区大气氮磷沉降对河道氮磷贡献率分别为 52.7% 和 21.1%(Ma et al.,2011),中国典型以森林为主的流域通过大气沉降经坡面汇入河道的 TN 负荷量占 TN 总入河量的 13.3%~15.2%(Deng et al.,2021)。由此可见,大气沉降对许多水源地流域河流水质的影响不容忽视。然而,目前大气沉降对水源地流域水质影响的研究尚显不足。

新安江水库(千岛湖)是我国长三角地区的重要水源,其供给人口超过 2 000 万,承载着千岛湖的新安江流域是现阶段不可多得的优质水源地与生态屏障。1970s 以来,新安江流域气温升高、极端水文事件频发、社会经济发展迅速,气候变化与人类活动影响了饮用水水源地上游流域的水资源与水环境。自 2011 年新安江流域成为全国首个跨省流域生态补偿机制试点以来,流域内工业发展被严格限制与监管(杜星博,2022),农业发展逐步向生态和有机方向转变。然而,2011—2019 年新安江流域上游水系入库控制站水质监测数据表明,月 TN 浓度中位数与平均值在冬季与春季均超过湖库Ⅲ类水质阈值。由于人为输入的 NPSs 污染具有较大的时空变异性,使得流域尺度氮磷负荷管控十分困难(Shen et al.,2014;Wang et al.,2020b;Yang et al.,2016;Zhang et al.,2019)。已有学者在新安江流域开展了 NPSs 污染特征及其影响研究,但大多未考虑土地利用变化和大气沉降污染源输入的影响,且各类输入数据的空间精度不高、时间序列较短(Zhai et al.,2014;Yan et al.,2016;Guo et al.,2020)。研究水源地流域径流-泥沙-氮磷时空分布及其对河道水质影响,定量揭示影响流域河道氮磷浓度的主导因素,对于促进高品质水源地水质保护十分必要。

近年来,随着我国对生态环境保护重视程度的提高,大气沉降、点源排污与河流水质观测不断加强,提供了多种类型污染源输入和模型长期水质验证信息;遥感监测技术的发展,提供了动态土地利用和高时空分辨率植被生长等下垫面信息;水文与生物地球化学过程耦合模型的发展,使得流域径流-泥沙-氮磷的耦合模拟成为可能;网络信息技术的发展,为实现流域尺度高精度数据的高效处理提供了重要手段。

综上所述,迫切需要开展以下三个方面的研究。

(1) 基于物理过程的水源地流域分布式水文与生物地球化学过程耦合模拟研究。利用站点实测与遥感观测等手段,构建分布式水文与生物地球化学过程耦合模型,实现长序列、高分辨率的水源地流域径流-泥沙-氮磷的精细模拟,重现流域水文循环与污染物迁移转化过程。

(2) 气候变化与人类活动对水源地流域水资源与水环境的影响机制研究。揭示流域水循环要素与坡面污染负荷时空分布特征,识别不同污染源对坡面污染负荷的贡献程度,阐释水文过程对流域出口河道水质的影响机制,分析流域水量与氮磷物质平衡关系及其在不同区间的分布特征,对促进高品质水源地的水质保护具有重要科学意义与应用价值。

(3) 未来变化环境下水源地流域水文与水质效应研究。预估水源地流域匹配未来气候变化的共享社会经济路径下土地利用与污染源变化,揭示未来变化环境的流域水文与水质效应,为水源地流域科学应对气候变化与管理水土资源提供科学依据。

1.2　国内外研究现状

全球气候变暖与极端事件频发已成为广泛共识,人类活动对河川径流与水质的影响也得到普遍关注(Christopher et al., 2012)。饮用水水源地作为供给水源的重要场所,定量评价其所在流域的气象要素变化,分析水源地上游流域水量与水质的变化特征,建立适用的径流-泥沙-氮磷耦合模拟方法,揭示变化环境下流域水文水质效应,已成为国内外地球科学领域研究的重点与热点。本节将从变化环境下流域气象-水文-水质变化分析、水文与生物地球化学过程的耦合模拟方法、气候变化与人类活动对径流及水质的影响、未来变化环境下径流与水质变化预估,以及新安江流域径流与水质变化的相关研究五个方面介绍国内外研究现状。

1.2.1　变化环境下流域气象-水文-水质变化分析

气象条件是水循环的重要驱动条件之一，而气温和降水是影响流域产流的重要气象因子。均值变率是衡量气候变化的重要标尺，而气候变化对社会和生态系统的影响可能来自气候变率和极端气候变化（Kunkel et al.，1999）。许多研究基于逐日气象观测数据，分析了年平均气温和年降水量增长率及其空间分布（秦大河 等，2005；秦大河，2007），不同季节尺度（四季、生长季与非生长季、汛期与非汛期、逐月）气温与降水的时空分布及其变化特征（纪诗璇 等，2022；王有恒 等，2022），极端高温事件频率、历时、强度及其影响因素的变化特征（范进进 等，2022），极端降水平均强度和极端降水值的变化趋势（秦大河 等，2005）；基于耦合模式比较计划预测结果，分析了未来不同排放情景下日降水、日最高气温与日最低气温的时空演变规律（韩林君 等，2022；岳艳琳，2022）。气象要素时间序列分析的常用方法包括双累积曲线法、线性趋势分析法、Mann-Kendall 检验法与局部薄盘光滑样条函数插值法等（王闯 等，2022）。

水文过程决定了水量、水位、流速与水体形态等物理条件，伴随着产汇流过程，水流携带泥沙与营养盐，进而影响河湖水质与生态健康（Zade et al.，2005；Anandhi et al.，2018）。许多研究分析了重要水文变量径流的多年平均、逐年与季节尺度的时空分布特征（Hu et al.，2022；Xiong et al.，2022），而关于水文过程变量在更小时间尺度上的规律研究，国际上普遍采用水文情势变化指标（IHA）（Richter et al.，1996）。该指标体系包括数量（均值与高低极值流量）、时间（极值流量出现时间）、频率（脉冲频率）、历时（脉冲历时）及变化（变化率）5 个方面指标，表征流量集中趋势、变异性、幅度、时间、频率、持续时间、上升率、下降率及水文逆转等情况。Kennard 等（2010）统计分析了极值流量大小和时间分布，洪水、干旱和间歇性流动的频率和持续时间，日、季节和年流量变异性，以及径流变化率。周星宇等（2020）利用主成分分析法在金沙江流域优选了能够合理评价水文情势变化的 7 个 IHA 指标，其累计贡献率达 83.6%。水文时间序列分析的常用方法可归纳为趋势分析与突变点检验两类。其中，趋势分析方法包括 Kendall 秩序相关检验、Mann-Kendall 趋势分析与线性回归趋势分析等；突变点检验有 Mann-Kendall 方法、Pettitt 方法、Bayesian 方法与分段线性回归方法等（Sun et al.，2011；Toms and Lesperance，2003）。

水质浓度是衡量水环境状况最直接的评价指标，反映了单位体积水中污染物的含量。N 和 P 分别是合成蛋白质、合成 DNA 和 RNA 并传输能量的主要元素,且二者均是支撑水生植物生长的必需品,同时是多数陆生、水生生态系统的主要限制性营养盐(Conley et al.,2009)。因此,TN 和 TP 浓度作为表征水中各种形态无机和有机 N 与 P 总量的指标,通常被用于评价河湖水质状况(Schindler et al.,2008;Paerl et al.,2015)。通过原位微生物营养液稀释生物试验和中观营养液添加试验,Xu et al.(2015)指出为防止重要水源地太湖发生蓝藻水华,TN 和 TP 浓度需分别控制在 0.8 mg/L 和 0.05 mg/L 以下。舒金华等(1996)基于国内外水体富营养化分类标准与我国 130 余个主要湖泊营养状况监测数据,提出控制湖泊富营养化的 TN 和 TP 浓度阈值分别为 1.2 mg/L 和 0.05 mg/L。《地表水环境质量标准》(GB 3838—2002)中规定了湖库型水体Ⅲ类水质 TN 和 TP 浓度阈值分别为 1.0 mg/L 和 0.05 mg/L。

　　水源供给的可靠性取决于充足的水量与适宜的水质。基于地面观测的气象-水文-水质变化分析是系统掌握水源地上游流域水源供给可靠性的重要手段。气象条件是最原始的水循环驱动力,分析气象要素分布及其变化能够为进一步解析水文过程变化机制提供信息,阐释水文过程及其变化能够促进理解水质变化及其成因。然而,以往开展水源地上游流域评价时,对气候特征、水文过程与水质的评价通常相互独立,尤其是开展水质评价时对气候与水文过程变化及其影响考虑相对不足。

1.2.2　水文与生物地球化学过程的耦合模拟方法

　　水文模拟是研究水文水资源的重要手段,生物地球化学过程模拟是研究地球关键带的主要手段。N 和 P 作为自然界重要的生源要素,其水文与生物地球化学过程紧密耦合,体现在降雨—径流过程驱动下,吸附态氮磷随泥沙颗粒迁移、吸附与沉积,溶解态氮磷随水流演进、淋溶与转化,植物蒸腾作用对氮磷等营养物质的吸收,以及凋落物分解的养分回归等方面。水文与生物地球化学过程均十分复杂,且具有高度空间异质性与内在关联性。基于流域水质保护的需要,为理解和认知水文与生物地球化学过程及其时空动态变化特征,揭示 N、P 等营养物质在大气—陆面—水域迁移转化过程中的通量变化,自 20 世纪 70 年代以来学者们围绕流域水文过程与生物地球化学过程的耦合模拟方法开展了大量研究工作(Lehtoranta et al.,2014)。常用的基于物理过程的耦合模拟模型包括CREAMS(Knisel,1980)、EPIC(Williams et al.,1989)、HSPF(Donigian et al., 1995)、SWAT(Arnold et al., 1998)、SWMM(Gironás et al., 2010)和GBNP(Tang et al., 2011)等。

CREAMS 模型是农田管理系统径流、土壤侵蚀与化合物模拟模型,其水文、土壤侵蚀和氮磷流失过程模拟分别采用 SCS 曲线/Green-Ampt 方程、修正的通用土壤流失方程(MUSLE)和化合物迁移转化公式(张建,1995)。其中,N 的模拟考虑了溶质运移、作物吸收、脱氮、有机氮矿化和硝酸盐淋洗等过程。土壤有机 N 矿化利用其与土壤温度和土壤水分的非线性关系式确定;基于溶解态 N 浓度变化率与土壤-降雨 N 浓度差的线性关系假设,建立了地表 N 渗入土壤的求解方程;N 随入渗下移的量为扣除初损的入渗量、入渗平均浓度与下移速率常数的函数,N 随地表迁移的量为地表径流量、径流平均浓度与径流迁移速率常数的函数,P 相应过程的计算方法类似;作物吸收 N 过程模拟采用两种方式,假定作物吸 N 量为作物耗水量及其含氮量的函数,或呈正态分布;硝酸盐的淋洗量用比例系数进行估算。该模型适用于土地利用单一、土壤均质、降雨均匀的田块尺度农田管理。

EPIC 模型是作物生产系统模拟模型,其水文、土壤侵蚀模块与 CREAMS 模型类似(黄宝林,1992)。该模型利用指数函数来计算顶层土壤中溶解态 N 的流失规律,较低层土壤中溶解性 N 的淋滤和横向地下水流用较上层土壤同样的方法处理,但不考虑地表径流,溶解态 N 能够伴随着土壤水蒸发上升到顶层土壤中;作物吸收 N 通过生物生长最适宜 N 浓度与土壤硝氮供应限制的供求关系来估计;有机 N 损失量利用表层土有机 N 浓度、沉淀量与浓缩率的函数来估计;微生物脱硝采用基于温度、有机碳和硝氮的指数函数来估计;有机 N 矿化原料分为新鲜和固定两种类型,新鲜有机 N 矿化与碳氮比、碳磷比、土壤水分、土壤温度和残留物分解有关,固定有机 N 矿化与有机 N 重量、土壤水和土壤温度有关;固氮量为微生物同化量与作物残留量的差值。溶解性 P 损失采用表层土中不稳定 P 浓度、径流量和分割因子来预测,溶解性 P 在沉淀阶段的损失量采用顶层土中 P 浓度、沉淀量和浓缩比例来估计;P 的矿化、固定和作物吸收过程的概化方案与 N 的相应过程概化方案类似。该模型所考虑的流域一般较小(约为 1 ha),其土壤和管理表现为空间同质化,而在垂直方向上考虑得较为精细,土壤断面最多被分成 10 层。

HSPF 模型是流域水文-水质综合模拟模型,能够模拟流域水文、水力及水质的复合过程(谢辉 等,2022)。HSPF 模型的水文模块基于 Stanford 模型,地表径流采用 Chezy-Manning 方程计算,壤中流与地下径流分别采用线性水库法和非线性方程。泥沙模块按照下垫面透水与否分为两类,透水下垫面考虑泥沙吸附、分离与冲刷等过程,非透水下垫面仅考虑累积和冲刷过程。泥沙的启动、输送、沉降与冲刷过程采用阈值判别法通过比较水流剪切力与临界剪切力的关系来确定。N、P 等污染物的转化、淋溶及迁移等过程采用经验方程,或以质量守恒为基础的一阶动力学方程、Freundlich 方程与温度修正的 Arrhenius 方程进行模拟。该模型适用于流域尺度,已应用于在流域面积 16.6 万 km^2 的切萨皮克湾(Chesapeake Bay),但由于其基于水文响应单元,无法揭示流域高精度水文与水质的空间特征。

　　SWAT 模型是基于物理过程的流域非点源污染连续动态模拟模型,擅长揭示土地管理措施对水、沙与营养盐的长期影响(张秋玲,2010)。水文模块基于水量平衡方程,地表径流计算采用 SCS 曲线或 Green-Ampt 方程,蒸散发计算采用 Hargreaves、Priestley-Taylor(简称为 PT)或 Penman-Monteith(简称为 PM)公式。泥沙模块采用 MUSLE 方程推算。氮磷迁移转化过程采用 EPIC 模型基本原理,N 按照矿物 N 和有机 N 两类,P 按照溶解态和吸附态分别模拟,颗粒态氮磷的迁移、沉降与吸附过程伴随着泥沙过程。该模型以流域为研究对象,以水文响应单元(HRU)为基本模拟单元,是目前我国流域水质模拟应用最为广泛的模型之一。然而 SWAT 模型属于半分布式水文模型,无法捕捉空间连续动态变化特征,且未考虑不同子流域间地下水侧向流动。

　　SWMM 模型是城市暴雨径流管理模型,适用于场次降雨事件的暴雨径流与水质模拟(Tsihrintzis and Hamid,1998;Tu and Smith,2018)。下渗模块通常采用 Horton 公式、SCS 曲线或 Green-Ampt 方程,地表汇流采用非线性水库方法进行计算,联立求解曼宁方程与水量平衡方程,河道与管道汇流采用恒定流法、运动波法或动力波法,最常用的是动力波法,通过求解一维圣维南方程组得到理论精确值,生物地球化学过程采用污染物累积冲刷方程来概化。该模型具备强大的管流模拟能力,但地表产流模拟较为简化,属于基于汇水分区的城市尺度模型(梅超 等,2017)。

　　GBNP 模型以基于地貌学的水文模型(GBHM)为基础,耦合了土壤侵蚀、泥沙运移和污染物迁移转化等生物地球化学过程(Tang et al.,2011)。为高效反映地形与下垫面特征,GBNP 模型采用与 GBHM 模型相同的网格离散方法与次网格参数化方案,每个网格代表一定数量地形相似的山坡-河网系统,作为水文模拟的基本单元。山坡上污染物伴随降雨-径流过程在土壤和径流之间交换，并在非饱和土壤剖面中浸出。GBNP 模型在垂直方向上按照三层模拟污染物移动：随地表径流移动，在水土混合层中径流与土壤交换，以及在下层土壤中淋失(Gao et al.，2004)。河网中污染物伴随洪水演进，分为溶解态(硝态氮、氨氮和溶解态磷)和吸附态(有机氮和有机磷)。溶解态污染物的运动用对流弥散方程表征(Yu et al.，2006；Chu，1994)，吸附态污染物在河网中的移动过程通常结合泥沙过程来描述(Yu et al.，2006)。不同组分的氮磷在迁移过程中也有相应的生化反应。模型详细介绍见 Tang 等(2011)和 Wang 等(2016)的相关文献。GBNP 模型在我国长江流域(Wang A et al.，2020)、潮白河流域(Tang et al.，2011)与新安江流域(Wang et al.，2016)等得到成功应用。

上述六个典型的水文与生物地球化学过程耦合模型简介汇总于表 1-1。

表 1-1　典型水文与生物地球化学过程耦合模型简介

模型名称	水文过程	生物地球化学过程	主要特征
Chemicals, Runoff and Erosion from Agricultural Management Systems (CREAMS)	SCS 曲线/Green-Ampt 方程	泥沙：MUSLE 方程；化合物：迁移转化公式	田块尺度
Erosion Productivity Impact Calculator(EPIC)	SCS 曲线/Green-Ampt 方程	泥沙：MUSLE 方程；化合物：迁移转化公式	田块尺度
Hydrological Simulation Program-Fortran(HSPF)	地表径流：Chezy-Manning 方程；壤中流：线性水库；地下水：非线性方程	泥沙：累积冲刷方程、阈值判别法；化合物：经验方程、一阶动力学方程、Freundlich 方程、Arrhenius 方程	基于水文响应单元的流域尺度
Soil and Water Assessment Tool(SWAT)	地表径流：SCS 曲线/Green-Ampt 方程；蒸发：Hargreaves/PT/PM 公式；汇流：Manning 公式/Muskingum 法	泥沙：MUSLE 方程、挟沙能力判别；化合物：经验方程、一阶动力学方程	基于水文响应单元的流域尺度
Storm Water Management Model(SWMM)	下渗：Horton 公式/SCS 曲线/Green-Ampt 方程；汇流：恒定流法、运动波法或动力波法(一维圣维南方程组)	污染物累积冲刷方程	基于汇水分区的城市尺度
Geomorphology-Based Nonpoint Source Pollution Model(GBNP)	下渗：一维 Richards 方程；蒸发：PM 公式；汇流：一维运动波方程	泥沙：MUSLE 方程、泥沙输移方程；化合物：经验方程、一阶动力学方程	基于山坡-河网单元的流域尺度

已有研究针对地球关键带生物地球化学过程取得了重要进展,尤其对于较小尺度研究得相对细致,然而对于流域尺度以水文过程驱动的生物地球化学过程的耦合模拟相对欠缺。鉴于水文与生物地球化学过程耦合的复杂性,且对数据要求较高,借助基于物理过程的机理模型,全面考虑各类污染源输入,开展长序列与精细化的分布式水文与生物地球化学过程耦合模拟是未来水文水资源与地球关键带研究的重要趋势。

1.2.3　气候变化与人类活动对径流及水质的影响

气候条件及其可变性不仅影响水量,也影响其水质,而水质是河流生态系统条件和由此产生的效益的主要决定因素(Anandhi et al.,2018)。气候变化通过影响降水与气温,影响截留、蒸发、入渗及产汇流等水循环过程,改变产沙、产污及污染物的迁移转化过程。气候变化对水质的直接影响是改变水温,水温的变化能够引起水中溶解氧含量变化,污染物相关的物理与化学反应产生,以及生物繁殖生长与降解凋亡等。人类活动对下垫面的改造通过改变地表能量、水通量、土壤水力特性和地表粗糙度影响水文过程、植被生长与水土流失等(Tamaddun et al.,2016)。城镇化建设减少了土壤入渗,增加了产流,加快了汇流(Wang et al.,2012a)。植树造林加大了植被蒸发耗水,继而降低了河道天然径流量。水土保持措施减少了水土流失,改变了河道水沙通量;人为污染源输入或减排措施的变化,对水环境产生直接影响。径流变化从影响 NPSs 污染产生、迁移与转化过程以及提供径流两个方面影响水质。

气候变化与人类活动对水量与水质影响的主要研究方法可分为数理统计法与数值模拟法(陈鑫 等,2019)。数理统计法主要通过建立气象相关要素(降水、气温与潜在蒸散发等)和污染相关要素(人口、施肥与第一产业产值等)与水文变量(蒸发与径流等)和水环境变量(TN 与 TP 等)之间的统计关系,如多元回归分析、主成分分析、灰色关联分析等,揭示径流与水质的关键影响因素。该方法利用具有物理机制的水量-水质耦合模型,能够实现水文与生物地球化学过程的耦合模拟,将气象变化与人类活动对水量与水质的影响,反映到水循环与物质循环的各个环节,从而揭示径流与水质对气候变化与人类活动的响应机制。采用数值模拟法开展径流与水质变化归因分析,主要分为两种情况:(1)假设气候与下垫面要素对水文过程的影响,以及气候、下垫面与污染源对水质的影响相互独立。采用控制变量法,改变气候、下垫面与污染源中的某一条件并固定其他条件,将单个要素变化的影响从整体变化中剥离开来,通过情景方案设置,依据模拟结果分析水资源与水环境对气象因子变化和人类活动的敏感性,识别各影响因素对径流与水质变化的贡献程度(徐翔宇,2012;Zhang et al.,2018)。(2)假设历史时期径流与水质主要受到气候变化的影响,人类活动干扰可以被忽略。通常利用长时间序列实测径流与水质数据分别进行突变点检验,突变点前时段作为天然时期的实测径流量与污染负荷量,用来率定模型参数,采用率定后的参数开展突变点后时段径流与污染负荷的模拟,将天然情况下的径流和水质与实测径流和污染负荷的差值作为人类活动影响下的径流与水质的变化量(陈鑫等,2019)。此种方法适用于径流与水质变化存在突变点的情况。

Yang 等(2004)基于黄河流域 1951—2000 年气象与水文数据,分析降水、气温、潜在蒸散发及径流的变化趋势,以及径流变化的主要影响因素,认为流域径流减少的主要原因是气候变化。陈鑫等(2019)利用 SWAT 模型揭示出漳河上游和滦河上游近 60 年来径流均呈现下降趋势,前者为人类活动主导,后者为气候变化主导。Ma 等(2010)采用 GBHM 模型评估了气候变化和人类活动对密云水库入库径流减少的贡献程度,结果表明人类活动对径流减少的贡献略小于气候变化的贡献。Mehdi 等(2015)利用 SWAT 模型开展德国巴伐利亚州流域水环境模拟,结果表明气候变化叠加农作物变化后,多年平均氨氮负荷较仅发生气候变化情况下增长 3 倍,相应的 TP 负荷增长 8 倍。唐莉华(2008)利用 GB-NP 模型,分析了潮白河流域降水、径流与水质变化趋势,解析了气候与土地利用变化对流域径流、泥沙与污染负荷的影响机制。Anandhi 等(2018)在半世纪尺度上,基于长期日均流量数据生成水文特征参数,描述多种水文特征参数的演变,揭示气候变化与人类活动影响下径流与水质的响应。在水文过程对水质影响机制方面,已有研究表明,流量峰值期间营养盐浓度值较低是由稀释效应主导,而在此期间营养物浓度达到峰值的主导效应为降水初始冲刷效应;长江上游通天河、沱江在一年期间河道日 TN 浓度与日流量之间存在滞回关系(王艾,2016)。

以往研究多关注气候变化与人类活动对径流变化的影响,研究二者共同作用对水质影响的相关研究相对较少,且对于污染物质从大气与坡面输入、坡面入河与流域出口输出的全过程通量变化规律的认识较为缺乏,水文过程对水源地流域上游水质的影响机制有待进一步揭示。

1.2.4　未来变化环境下径流与水质变化预估

气候变化预估是研究未来水资源与水环境变化的前提（Huang et al.，2021）。区域气候变化预估涉及全球气候模式（Global Cimate Model，GCM）确定、未来气候情景设置及气候数据降尺度三个方面。GCM 是一种利用数理方程表达大气、陆面、海洋与冰雪间复杂耦合关系的大气环流模式，是模拟、预估与评价未来气候变化的主要工具（周天军 等，2019）。全球已研究出上百种全球气候模式，其中 MRI-ESM2-0 在中国华东区域表现较好，尤其体现在对于极端降雨特征的捕捉；EC-Earth3 在中国区域整体表现较好；CanESM5 在长江下游表现较好，能够捕捉区域气候变化的整体趋势；CNRM-CM6-1 在长江下游表现较好，其在相对误差控制方面具有显著优势（向竣文 等，2021；You et al.，2021；Li et al.，2021）。Li 等（2021）研究表明多模式集合结果在区域尺度应用时往往更为可靠。

自 1990 年起，联合国政府间气候变化专门委员会（IPCC）已开展 6 次基于不同情景的气候评估工作，最新发布的第六次评估报告（CMIP6）采用共享社会经济路径情景（SSPs）与典型浓度路径（RCPs）组合矩阵的形式（IPCC，2021）。CMIP6 基于未来社会经济发展情景生成相应的土地利用和排放路径变化，以确保未来辐射强迫与共享社会经济情景相一致。SSPs 情景包含 SSP1 可持续性（对减缓和适应的挑战较低）、SSP2 中等发展（减缓和适应的中等挑战）、SSP3 区域竞争性（减缓和适应面临巨大挑战）、SSP4 不平等性（缓解挑战低、适应挑战高）和 SSP5 化石燃料依赖性（减缓挑战高、适应挑战低）。RCPs 情景反映了不同政策场景导致不同水平的辐射强迫，未来 2100 年辐射强迫范围区间为 [1.9，8.5] W/m^2，数值越高代表气候变暖效应越强。由于 GCM 的空间分辨率比较低，在进行区域尺度模拟时，通常采用统计降尺度与动力降尺度两种方法匹配气候与其他水文模拟相关数据。统计降尺度是利用建立历史站点气象数据与气候模式输出数据间的统计关系，并将其移植到未来预测大尺度气象数据中，以得到高分辨率气象预测值。统计降尺度方法主要包括理想预报法、模型统计法与天气发生器法（高冰，2012；Maraun et al.，2010）。动力降尺度方法是在 GCM 基础上嵌套区域气候模式，以实现对区域尺度气候变化的动态预估。

除了未来气候变化，土地利用与污染源变化对水资源与水环境变化亦影响深远。预估未来土地利用变化范围、程度与类型对于资源管理和规划活动具有重要意义（Saputra et al.，2019）。CMIP6 中研究了与气候变化情景相统一的土地利用变化情景,得到了全球 1850—2100 年逐年 0.25°分辨率土地利用状态图和类型转移图。已有研究利用马尔科夫模型(Khawaldah et al.,2016;Hathout et al.,1988)、人工神经网络模型(Li et al.,2002)、细胞自动机模型(White et al.,1993)、随机森林法(Zhou et al.,2020)、经验统计方法(Veldkamp et al.,1996)与支持向量机法(Ullah et al.,2019),以及上述方法的耦合,如人工神经网络-细胞自动机(Saputra et al.,2019)、细胞自动机-马尔科夫模型(Hamad et al.,2018)等方法对土地利用/覆被变化进行预测。然而,在利用全球尺度土地利用状态图和类型转移图进行预测时通常难以反映较小流域自身发展定位特点。Liao 等(2020)在 *Science Bulletin* 上发布了基于 LUH2 数据集和土地利用模拟模型(FLUS)制作的 1 km 分辨率的中国未来(2015—2100年)土地利用数据产品;Luo 等(2022)在 *Scientific Data* 上发布了基于全球变化分析模型(GCAM)和未来土地利用模拟(FLUS)模型融合方法制作的 1 km 分辨率的中国未来(2020—2100 年)土地利用/覆被数据产品。以上未来土地利用产品为变化环境下径流与水质预估提供了一定基础。

CMIP6 中有 12 种模式(如 MRI-ESM2-0、EC-Earth3-AerChem、MIROC-ES2H 等)提供了未来不同情景下大气化学预测数据,为预估大气干湿沉降对流域水环境的影响提供了条件。地表污染产生量会伴随着人口、社会经济发展与污水处理程度发生动态变化,从而影响水环境质量。生活污染取决于人口与污水收集处理程度,农业污染取决于农业发展、肥料施用与畜禽养殖等情况,工业污染与其发展方向和排放管理程度有关,是与经济社会发展与生态文明建设等因素相关的极其复杂的过程。目前,对于未来污染源产生量预测的主要方法是定额法,采用数量、单位数量产污量、处理程度因子与修正因子等计算乘积的方式进行经验性预估,以人口、工业增加值、播种面积、畜禽养殖量等为数量指标,人均生活污水产生量、单位工业增加值污水产生量、肥料流失系数与畜禽养殖产污系数等为定额指标(侯炳江 等,2008;张延青 等,2010)。然而,在这种预测方法下,污染源变化与未来气候变化和土地利用变化情景不匹配,无法真正反映其对未来水环境变化的影响。

李明涛等(2014)分析了污染物对气候、土地利用及污染物变化的响应规律,揭示了气候与土地利用变化对密云水库上游 NPSs 污染的影响机制,预测了未来 30 年气候变化下污染负荷的演变趋势。张齐等(2009)利用动态回归神经网络,建立污染浓度和主要气象因子间的映射关系,利用训练后的模型模拟污染浓度。侯炳江等(2008)等结合排放系数的预估,利用排污系数法预测污染入河量。近年来气候与土地利用变化及二者共同作用下的径流变化研究受到广泛关注(Woldesenbet et al. ,2018;Muelchi et al. ,2022),而对气候变化、土地利用变化对水质的影响,以及未来气候、土地利用与污染源三者变化对水质的影响研究均相对较少(Shrestha et al. ,2018)。Whitehead 等(2015)虽然研究了气候、土地利用与社会经济变化对水质的影响,但该研究经验性地设置了大气沉降污染情景(可持续、照常与不可持续情景下大气氮沉降速率分别为 6 kg/ha、8 kg/ha和 10 kg/ha),其污染源变化情景与气候、土地利用情景并不匹配。

综上所述,目前尚未报道关于气候、土地利用与污染源变化相匹配的综合变化情景的相关研究,这制约了未来气候、土地利用与污染源共同变化条件下流域水质变化的预估,且三者共同变化下未来径流与水质的预估研究仍比较缺乏。

1.2.5　新安江流域径流与水质变化的相关研究

(1)新安江流域简介

新安江是新安江水库最重要的入库水源,其多年平均入库流量约占总入库流量的 63%(李慧赟 等,2022)。新安江流域上游(街口站以上)为本书的研究区,流域面积为 5 760 km²。研究区属于亚热带季风湿润气候区,其多年平均气温和年降雨量分别为 16 ℃ 和 1 700 mm(Li et al. ,2016;Zhai et al. ,2014),汛期为 4—7 月,该时期降水量约占年降水总量的 56%(Wang et al. ,2014)。研究区数字高程(DEM)分布在 113~1 729 m,地貌类型分为中山、低山、丘陵和盆地,以丘陵为主。按照世界土壤数据库中 FAO-90 土壤分类系统,流域内土壤类型主要是腐殖质强淋溶土、人为堆积土和简育高活性强酸土。研究区是我国以山水林田湖草等自然生态系统为主的典型流域,为涵养水源、改善生态、维护生物多样性发挥了重要作用。根据 2018 年遥感影像图,流域林地面积占比高达 63.7%,水田和旱地占 15.4%,灌木和茶园占 13.2%,草地为 4.5%,城镇和农村居民为 2.4%,水体占 0.7%(图 1-1)。随着城镇化进程加快和经济社会发展,研究区的污染源输入量增加、污染范围扩大、局部河段水环境质量下降,经济社会发展对水生态环境的保护压力增大。街口断面位于新安江河流与水库的交界处,其断面水质能够从一定程度上反映水库水质。然而,2011—2019 年新安江流域上游出口(街口站)逐月水质监测数据显示,一年之中多个月份 TN、TP浓度高于湖库Ⅲ类阈值(GB 3838—2002)。

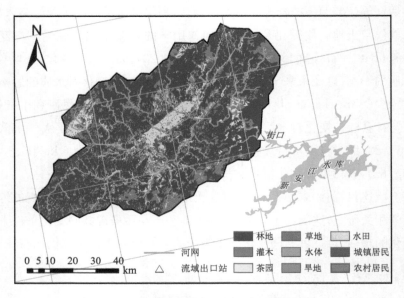

图 1-1　新安江流域水系及土地利用类型图

（2）新安江流域研究的现状

已有研究基于历史实测数据分析与数值模型模拟,研究了新安江流域历史径流与氮磷负荷变化及其主要影响因素。李慧赟等(2022)研究表明,近 60 年来千岛湖流域年暴雨量和频次均呈显著上升趋势($P=0.001$)。黄蓉等(2019)关于新安江流域上游径流变化及其归因分析表明径流序列的转折点发生在1999 年左右,后时段较前时段径流有所下降,气候变化是造成径流变化的主要因素,但植被变化对径流影响显著增强。潘娅英等(2018)采用 MK 检验与小波分析法统计分析了新安江流域近 57 年来降水与径流的变化,结果显示流域属于雨水补给型河流,降水是影响流域径流的最主要因子。张倚铭等(2019)运用新安江模型计算了新安江 2006—2016 年多年平均年入湖水量,约占千岛湖多年平均入湖总水量的 51.4%,TN 和 TP 负荷占千岛湖入湖总负荷的 63.7% 和34.3%,污染年入湖总量呈上升趋势,NPSs 污染对 TN 负荷有显著影响。Zhai 等(2014)利用 SWAT 模型开展了新安江流域 NPSs 污染模拟及参数敏感性分析,模拟结果显示,2001—2010 年流域 NPSs 污染负荷强度呈现增加趋势,TN 负荷从 0.59 t/km² 增至 1.25 t/km²,TP 负荷从 0.05 t/km² 增至 0.15 t/km²,水稻种植的贡献最大,其次是茶树种植。王艾等(2014)基于 GBNP 模型开展了新安江流域上游 NPSs 污染模拟,表明 NPSs 污染与降水大小密切相关,TN 负荷强度空间分布特征取决于土地利用类型分布,TP 负荷强度空间分布受到土壤侵蚀量分布的影响。曹芳芳等(2013)开展了土地利用对水质影响研究,表明耕地、水体、建筑用地与林地、草地分别作为氮磷负荷的"源"和"汇"。杨迪虎(2006)研究表明,安徽省新安江流域水质污染中,TP 负荷有 2/3 来自 NPSs 污染。吕唤春(2002)研究表明千岛湖流域高坡林地氮磷流失较缓坡林地大,人工耕种坡地的氮磷流失较人工干扰较小的草地林地大。李雪等(2013)利用 SPARROW 模型开展了街口断面 TN 污染溯源研究,表明农业、生活与工业污染源贡献率分别为 57.5%、35.1% 和 7.4%。Li 等(2016)估计了新安江流域 TN 负荷,利用贝叶斯方法诊断了受损河道(TN 浓度大于 1.5 mg/L),屯溪区人口与农业的 TN 负荷输出最大,黄山区的 TN 负荷主要源于茶树种植。张乃夫等(2014)发现新安江流域土壤侵蚀多发生在敏感性较高的地区,主要分布在流域四周起伏的丘陵区和中低山区,局部存在人为影响的山丘区有一定差异。卢诚等(2017)基于 SPARROW 模型揭示了 TN 负荷的 NPSs 污染特征,利用土-水传输因子表示降水、坡度与气温三个传输变量的影响,识别出土-水传输因子的空间变异性。

结合气候模式和土地利用预测方法,已有研究开展了变化条件下未来新安江流域径流变化预测。郑艳妮等(2015)基于 1979—2005 年实测水文数据,利用大气环流模式驱动水文模型,开展了新安江流域 2006—2099 年长序列月模拟,结果显示未来气温与蒸发呈上升趋势,降水与径流呈波动上升趋势,丰水年与平水年径流较基准期有所减少,枯水年和特枯年呈增加趋势,月径流在秋冬季呈上升趋势,春夏季呈下降趋势。Yan 等(2016)表明在 21 世纪不同气候情景下,新安江流域径流会发生季节性与年际性变化,多年平均月径流在秋季和冬季增加 4%,春夏季减少 26%,年径流呈现显著下降趋势(降幅为 27%),上述径流变化主要受到气候变化的影响。Guo 等(2020)建立了新安江流域气候与土地利用变化的 75 种组合情景,预估了 2021—2050 年气候与土地利用变化下径流将呈现增加趋势,而气候变化本身将导致径流呈减小趋势,土地利用变化较气候变化对年径流影响更显著,未来流域年内径流分布会更加均衡,未来汛期与非汛期之间的差异将呈减小趋势。

综上所述,已有研究分析了气候和土地利用变化对新安江径流的影响,但对变化环境下水质影响方面的研究精细程度不高且全过程通量变化考虑不足,忽略或简化了已被证实对许多水源地流域来说重要的大气沉降污染源,尚未有文献报道其对新安江流域水质的贡献；以往侧重于研究新安江流域未来气候与土地利用变化下径流变化的预估，针对未来气候、土地利用与经济社会变化综合情景下未来新安江流域水质的预估考虑不足。

1.3　相关研究的不足与未来发展趋势

考虑到以往研究对于水源地上游流域水量水质及其影响因素的系统分析较为缺乏，对新安江流域上游高分辨率水量-水质时空变化过程的刻画有待完善，从大气与地表污染输入、坡面入河与流域出口的氮磷通量的系统认识有待提高，气候-土地利用-污染源变化综合情景下新安江流域上游未来径流与水质预估有待加强。因此，未来可围绕以下三个方面进一步开展相关研究工作。

（1）进一步完善水源地流域上游水文与生物地球化学过程的精细刻画

气候与人类活动（下垫面与污染源）变化是流域水量与水质变化的直接驱动力。以往研究较为系统地定量分析了气候与土地利用变化，而对于各类污染源及其变化过程的考虑，以及其对水质时空演变影响的刻画明显不足。已有研究侧重于刻画城市暴雨径流、农业 NPSs 污染（农田径流）对水环境的影响，对农村居民生活污染、畜禽与水产养殖污染的水环境贡献考虑较为简化，除了地表输入的污染源，在分析饮用水水源地上游流域污染源时大多忽略或简化了大气沉降污染输入的贡献。未来有必要充分考虑各类污染源输入以实现对污染输入过程的精细刻画，开展基于物理过程的分布式水文与生物地球化学过程耦合模拟，从更精细的时空分布特征着手，掌握水资源与水环境演变规律及其驱动机制。

（2）进一步揭示水源地流域上游氮磷输入-输出过程通量变化规律

饮用水水源地是人们赖以生存的保护区域，其上游流域的水安全保障受到气象-水文-水质连锁反应的影响。以往研究在分析气象（降雨与气温）、水文（径流与蒸发）、水质（TN 与 TP）站点监测数据时，通常侧重于其中部分变量，很少系统完整地分析连锁反应链的全过程变量。为节省资源，流域综合观测通常仅布局在重要干流节点与主要支流交汇口，难以全面反映流域产水-产沙-产污通量的时空特征，且水质观测起步较晚、频次较低，对于氮磷观测分析的时间序列通常较短、时间尺度较粗。随着遥感观测数据的积累与网络技术的进步，能够采用数值模拟方法来弥补地面观测在时空信息方面的不足，基于长系列观测与统计数据耦合水量-水质模拟，进一步揭示饮用水水源地上游流域水量与水质时空变化规律,系统地认识 N、P 从大气与地表污染输入到坡面入河与流域出口的全过程通量变化。

(3) 进一步加强变化环境下水源地流域上游径流与水质的预估

自 2021 年 CMIP6 发布最新共享社会经济路径(SSPs)未来情景数据以来,气候及与之相匹配的土地利用变化预测备受关注(田晶 等,2020),而气候与土地利用变化对未来径流的影响也逐步成为研究热点。然而,对于饮用水水源地上游流域而言,除了径流量,未来水质的预估对未来水环境风险评估亦至关重要。然而,少有文章报道未来污染源预测,尤其是与 SSPs 情景相匹配的污染源预测及其对流域水质的影响研究(Whitehead et al.,2015)。CMIP6 中提供了气候、社会经济与大气化学数据,为获取预估水源地流域上游未来变化环境下径流与水质提供了机遇。采用适宜的数据偏差校正与降尺度方法获取区域气候与大气化学数据,结合数理统计与机器学习等方法建立社会经济数据与地表污染源输入的映射关系,能够进一步加强未来综合变化情景研究及相应情景下径流与水质的预估。

1.4　研究思路及主要内容

本研究围绕变化环境下水源地流域上游氮磷负荷的时空分布特征及其对河道水质的影响这一科学问题开展研究,预期实现的目标为建立高分辨率精细化的新安江流域上游分布式水文与生物地球化学过程耦合模拟模型,揭示大气与地表污染输入、坡面入河与流域出口氮磷通量的演变规律,预估未来气候-土地利用-污染源变化综合情景下流域径流及水质演变。本研究选取长三角重要水源地新安江流域上游(街口站以上)为研究对象,主要研究内容包括:(1)基于多源数据的新安江流域上游水量水质及其影响因素分析;(2)基于分布式模型的新安江流域上游非点源污染精细化模拟;(3)1980—2019 年新安江上游氮磷负荷的时空特征与其河道水质影响;(4)2021—2070 年变化情景下新安江流域上游径流与水质预估。

研究思路和各章和主要内容如图 1-2 所示。本章主要阐述了饮用水水源地水安全保障领域的研究背景,介绍了国内外研究现状及未来发展趋势,在此基础上提出了研究目标与思路。其余各章的主要研究内容如下。

第 2 章收集并整理了新安江流域上游气象、水文、水质、土地利用与污染源等多源观测数据,分析了 1970—2019 年气温与降水的空间分布及变化趋势,统计了水文情势变化指标特征值及其变化特征,解析了 1980—2019 年土地利用与污染源变化特征,分析了 2011—2019 年河道水质浓度的年际变化与季节性规律。

第 3 章基于 DEM、土地利用、土壤类型、植被指数(NDVI)等数据,构建新安江流域上游高分辨率输入数据集,阐述 GBNP 模型的结构框架与基本原理,详细介绍各类污染源输入数据的计算过程。基于实测气象、土地利用与污染源数据,构建了新安江流域上游分布式水文与生物地球化学过程耦合模型,对径流、泥沙及氮磷负荷进行了率定,并开展模型综合验证。

第 4 章利用已构建的分布式水文与生物地球化学过程耦合模型,开展 1980—2019 年新安江流域上游坡面径流-土壤侵蚀-污染负荷的时空变化模拟与特征分析,识别影响坡面污染负荷时空分布的主要因素,揭示坡面产污对河道水质的影响机制,量化大气沉降对污染入河量的贡献,阐释污染物通量从大气与地表输入到坡面入河与流域出口的演变规律。

第 5 章研究匹配 CMIP6 共享社会经济路径的气候-土地利用-污染源变化综合情景,预估 2021—2070 年新安江流域上游气候、土地利用与污染源的发展态势,揭示未来变化环境下水源地流域径流与水质的演变规律。

第 6 章总结本研究的主要研究成果,归纳主要创新点,并基于研究中存在的不足,展望未来可改进和研究的方向。

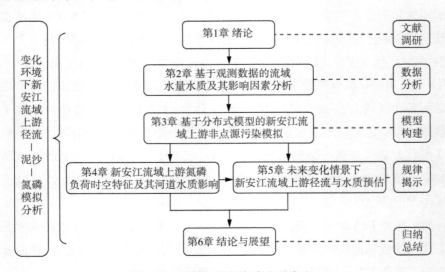

图 1-2　研究思路与各章主要内容

第 2 章

基于观测数据的流域水量水质
变化及其影响因素分析

　　流域径流受到气候变化与下垫面变化的共同影响,流域水质与污染源输入量和产汇流过程密切相关,通过分析河川径流与河道水质的变化及其影响因素,可以帮助理解流域水文过程与非点源污染之间的关系,进而更好地保护流域水质。本章基于多源观测数据,分析了研究区及其周边气象与雨量站 1970—2019 年气温与降雨年均值和年极值的变化,同时为进一步掌握降雨年内分布变化特征,增加了年降雨日数与降雨日平均降雨的分析;采用水文变化评价指标(IHA),分析了研究区主要水文站 1970—2019 年河道极值流量及其发生时间、高低脉冲及其历时、水文条件变化等水文情势演变特征;以 TN 与 TP 两大富营养化指标为指示因子,分析了研究区主要水质站 2011—2019 年河道水质年际、季节与空间变异性;基于遥感影像与统计资料,分析了 1980—2019 年流域土地利用和污染源输入量这两项水量水质主要人为影响因素的变化规律。

2.1　流域主要气象要素变化分析

气温和降雨是影响河川径流量的重要气象要素,均值变率是衡量气候变化的重要标尺,而气候变化对社会和生态系统的影响可能来自气候变率和极端气候变化(Kunkel et al.,1999)。本研究基于中国地面气候资料日值数据集(V3.0),获取了研究区及其周边 10 座气象站点的 1970—2019 年的逐日降雨与日均气温数据。常规气象观测仪器技术成熟、精度较高、异常较少,但难免有少量缺测或失效的数据,针对此类情况,降水数据参考临近气象站观测数据,气温数据则利用相邻日数据进行线性插值获取。本研究基于《中华人民共和国水文年鉴》,收集了研究区内 40 座雨量站的降雨资料,其中 12 座站点的数据相对连续且与气象站点位不重合,数据可用时段为 1970—1989 年与 2000—2018 年。分析降雨演变规律时,采用研究区内 5 座气象站 1970—2019 年的连续数据,并补充 12 座雨量站 1970—2018 年(缺少 1990—1999 年和 2019 年)数据进行分析。在研究过程中,笔者尝试利用网格降雨产品数据对缺失的雨量站数据进行插补,经数据对比分析后发现网格降雨产品与站点降雨数据的年降雨量具有较好的一致性,但降雨日数与降雨日降雨量存在较大偏差,为了保证站点观测数据的一致性,本研究直接采用原始气象站与雨量站观测数据对降雨变化特征进行分析。

2.1.1　气温均值与极值

研究区及其周边 10 座气象站观测数据显示(图 2-1),1970—2019 年年均气温均值在 8.4~17.2 ℃之间,均呈现增温趋势,趋势率为 0.012~0.036 ℃/a,其中 9 座站点增温趋势显著($P<0.05$);年最高气温均值在 20.9~32.1 ℃之间,所有站点均呈现增温趋势,其趋势率总体小于年均气温变化趋势率(0.002~0.031 ℃/a),其中 6 座站点增温趋势显著($P<0.05$)。

根据研究区及其周边 10 座气象站逐月气温统计(图 2-2),1970—2019 年多年平均 7 月气温最高(26.8±3.1 ℃),1 月气温最低(3.8±2.1 ℃)。将 1970—2019 年数据均匀分为 2 个时段(1970—1994 年和 1995—2019 年),发现所有月份后一时段的月平均气温均高于前一时段,说明流域的气温上升发生在所有月份。其中,气温上升最快的月份为 3 月,后一时段比前一时段气温平均上升

1.3 ℃；气温上升最慢的为 8 月，后一时段比前一时段气温平均上升 0.3 ℃。

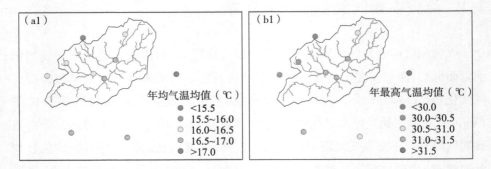

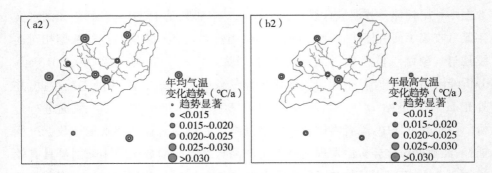

**图 2-1 1970—2019 年新安江流域上游与其周边气象站点的多年平均的年均
气温和年最高气温及二者的变化趋势**

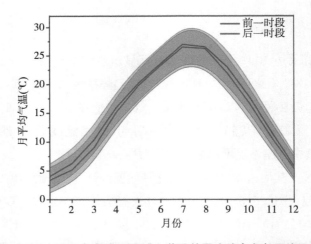

图 2-2 1970—2019 年新安江流域上游及其周边站点多年平均逐月气温

2.1.2　降雨均值与极值

　　17 座气象与雨量站的降雨数据显示(图 2-3),1970—2019 年的多年平均年降雨量在 1 568~2 185 mm 之间,降雨量空间分布呈现自西南向东北递减的趋势;年降雨量变化趋势在－7.3~7.0 mm/a 之间,降雨量呈增加趋势的站点有 14 座,呈减少趋势的站点有 3 座,变化趋势均不显著;年最大日降雨量均值在 97~142 mm 之间,变化趋势在－0.1~1.4 mm/a 之间,14 座站点年最大日降雨量呈增加趋势,3 座站点年最大日降雨量呈减小趋势,仅 1 座站点变化趋势显著且为增加趋势。

　　根据研究区 1970—2019 年年降雨日数及降雨日平均降雨量统计结果(图 2-4),年降雨日数均值在 146~161 d 之间,整体呈现西南方向高于东北方向的状态;年降雨日数变化趋势在－0.97~0.05 d/a 之间,17 座站点中有 16 座呈现年降雨日数减少趋势,且 8 座站点减少趋势显著;降雨日平均降雨量均值在 10.5~13.7 mm/d 之间,与年降雨量、年降雨日数的分布类似,均呈现西南高、东北低的分布特征;17 座站点降雨日平均降雨量均呈现增加趋势,增长率在 0.002~0.090 mm/(d·a)之间,8 座站点增加趋势显著,说明流域年内降雨分布更加集中。

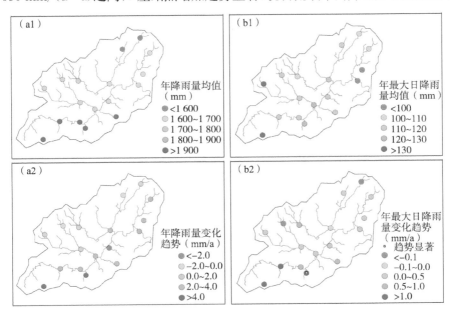

图 2-3　1970—2019 年新安江流域上游气象与雨量站点多年平均的年降雨量和年最大日降雨量及二者的变化趋势

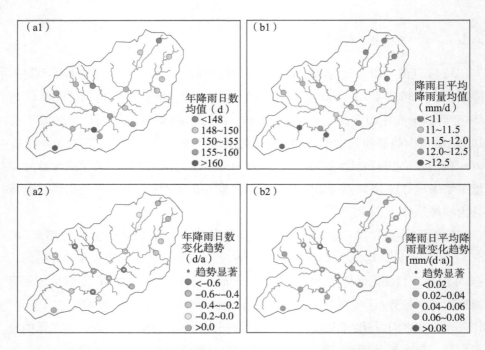

**图 2-4 1970—2019 年新安江流域上游气象与雨量站点多年平均的
年降雨日数和降雨日平均降雨量及二者的变化趋势**

根据研究区 1970—2019 年多年平均逐月降雨数据可知(图 2-5),6 月降雨量最大(326.3±36.7 mm),12 月降雨量最小(54.3±14.3 mm)。将该数据均匀

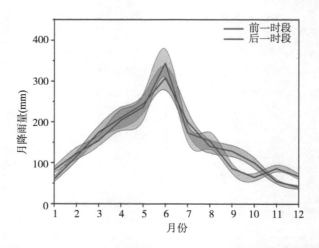

图 2-5 1970—2019 年新安江流域上游站点多年平均逐月降雨量

划分为 2 个时段(1970—1994 年和 1995—2019 年),发现相比于前一时段,全年 12 个月中后一时段有 6 个月降雨量上升,其余 6 个月降雨量下降。其中,6 月表现为最大的增加值(+36.0 mm),9 月呈现最大的降低值(−42.3 mm)。

2.2　流域水文情势变化分析

水文情势是河流与湖泊等自然水体水文要素随时间的变化,既反映了流域水文的基本特征,也影响了流域的水生态环境。本研究收集了研究区 1970—2019 年监测数据较为连续的 3 座水文站的日径流数据,数据来源为《中华人民共和国水文年鉴》。其中,2000 年与 2019 年缺失的数据利用年降水相近年份代替。站点分布见图 2-6,屯溪与渔梁站控制面积分别为 2 648 km² 和 1 586 km²,二者合计占流域总面积的 74%,月潭站为屯溪站的上游控制站。由于上述站点数据较为连续且控制了大部分的流域面积,本研究认为这些站点能够基本反映流域水文情势的变化。Richter 等(1996)提出了反映水文情势变化的指标体系,可归纳为流量及其发生时间、高低脉冲及其历时与水文条件变化三类变量(表 2-1)。低、高流量脉冲数量分别指每年日流量持续在 25 百分位数以下和 75 百分位数以上的次数,低、高流量脉冲持续时间分别为所有低流量或高流量脉冲场次下持续时间的中位数。水文逆转次数指连续流量日值间"正差向负差"与"负差向正差"转变次数之和,上升率和下降率分别为连续流量日值间正差、负差的平均值。本节逐一分析 3 座站点的上述指标、统计指标均值及其变化趋势,并将数据均匀分为两个时段(1970—1994 年与 1995—2019 年)以反映过去与现在的变化。当前后两个时段流量变化百分比绝对值大于 30% 时,认为流量发生了实质的变化(Acreman et al., 2008;Schneider et al., 2013;Wang et al., 2018)。由于极小值流量发生时间可能出现在年初或年末,为方便统一分析,先按照水文年法计算时间,即极值流量发生时间统计为距离汛期起始时间(4 月 1 日)的天数,基于此分析极值流量发生时间均值、变化趋势与时段差值,然后再将均值折算回儒略日数。

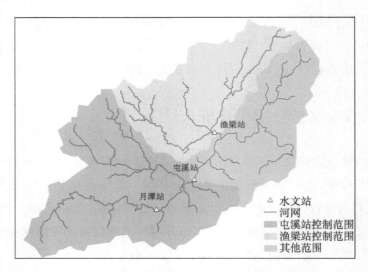

图 2-6　新安江流域上游主要水文站点控制范围分布图

表 2-1　新安江流域上游水文情势变化评价指标

水文功能	IHA 变量
	每月平均流量（1—12 月）
流量及其发生时间	年最小 1 日、3 日、7 日、30 日、90 日流量
	年最大 1 日、3 日、7 日、30 日、90 日流量
	年最小与最大日流量发生时间（儒略日）
高低脉冲及其历时	年低、高流量脉冲数量（<25 百分位数，>75 百分位数）
	年低、高流量脉冲持续时间的中位数
水文条件变化	水文逆转次数
	上升率与下降率

2.2.1　流量及其发生时间

根据 1970—2019 年 3 座站点逐月流量的均值及变化评价指标表（表 2-2），月潭、屯溪与渔梁站多年平均流量分别为 39.4 m³/s、102.8 m³/s 和 46.6 m³/s，汛期（4—7 月）累积径流量分别占各站点年径流总量的 64.1%、63.4% 和 64.1%[①]。从多年变化趋势来看，除 5 月、9 月与 11 月以外，其他月份 3 座站点月均径流变化趋势呈同向变化；3 座站点在春 3 月、夏 6—8 月、冬 1 月与 12 月的

---

　① 本书中数据由于四舍五入，存在一定偏差，特此说明。

月均径流均呈现增加趋势,春 4 月、秋 10 月、冬 2 月的月均径流均呈现减少趋势;3 座站点月均径流增加的月份数分别为 8 个、7 个和 7 个。在 $P < 0.05$ 的显著性水平下,仅渔梁站 12 月的月均流量变化趋势显著。从两个时段月均流量变化来看,3 座站点 1 月、12 月流量均呈实质性增加,10 月流量均呈实质性减少,屯溪与渔梁站 9 月流量呈实质性减少。

表 2-2　1970—2019 年新安江流域上游主要水文站点逐月流量的均值及变化评价指标表

月份	均值(m^3/s)			变化趋势[$m^3/(s \cdot a)$]			两个时段变化(%)		
	月潭站	屯溪站	渔梁站	月潭站	屯溪站	渔梁站	月潭站	屯溪站	渔梁站
1 月	12.4	35.5	13.5	+0.09	+0.34	+0.15	+46	+52	+50
2 月	28.0	74.3	29.7	−0.08	−0.10	−0.004	−12	−12	−12
3 月	49.2	129.8	55.2	+0.23	+0.62	+0.29	−11	−7	−5
4 月	69.3	169.9	73.6	−0.51	−0.62	−0.08	−12	−6	−6
5 月	68.2	175.9	75.1	+0.03	−0.52	−0.57	−4	−10	−23
6 月	100.6	271.8	126.8	+0.96	+2.11	+1.04	+22	+18	+21
7 月	64.8	164.1	82.3	+0.31	+0.04	+0.29	+10	+11	+0.1
8 月	28.8	69.6	35.6	+0.12	+0.27	+0.27	+20	+13	+8
9 月	16.9	45.7	22.6	+0.04	−0.07	−0.07	−25	−32	−36
10 月	12.3	33.2	16.0	−0.19	−0.40	−0.11	−44	−43	−34
11 月	12.4	35.5	15.2	−0.01	+0.12	+0.07	−18	−13	−12
12 月	9.7	28.1	12.5	+0.10	+0.31	+0.21*	+54	+48	+64
平均	39.4	102.8	46.6	—	—	—	—	—	—

注:"*"表示变化趋势显著($P < 0.05$)。

根据极值流量的均值及变化评价指标表显示(表 2-3),月潭站年最小 1 日、3 日与 7 日流量均值分别为 1.5 m^3/s、1.7 m^3/s 和 2.1 m^3/s,其变化趋势均为下降,其中,年最小 1 日、3 日流量下降趋势显著,变化趋势率均为 −0.03 $m^3/(s \cdot a)$;年最小 30 日和 90 日流量均值分别为 3.4 m^3/s 和 8.4 m^3/s,且均呈现不显著的上升趋势;年最大 1 日流量均值为 837 m^3/s,年最大 1 日、3 日、7 日、30 日与 90 日流量均呈现不显著的上升趋势;从两个时段变化来看,月潭站年最小 1 日和 3 日流量发生了实质性的降低,变化百分比分别为 −56% 和 −45%,表现出枯水季受到更大的干旱胁迫,结合进一步数据分析发现,2005—2008 年连续四年最小日径流量仅维持在 0.1~0.2 m³/s 之间。屯溪站年最小 1 日、3 日流量均值分别为 5.2 m³/s 和 5.8 m³/s,年最大 1 日、3 日流量均值分别为 2 090 m³/s 和 1 390 m³/s;各类极值流量变化均不显著,其中,年最小 1 日、3 日和年最大 90 日流量呈减小趋势,其他极值流量均呈现增加趋势;该站点 1978 年基本断流 1 个月以上,这种持续低流量会对生态过程造成严重影响,制约河流生态系统物质和能量的来源和交换,从而影响生态系统的生产、生物组成、营养结构和承载能力,限制生境的连通性和多样性,可能会导致一定的植物干旱胁迫及河流边缘低流动性生物的干旱胁迫(Anandhi et al.,2018;Rolls et al.,2012)。渔梁站年最小 1 日、3 日流量均值分别为 2.7 m³/s 和 3.0 m³/s,年最大 1 日、3 日流量均值分别为 1 069 m³/s 和 707 m³/s;所有极小值流量均呈现显著增加趋势[0.03~0.07 m³/(s·a)],说明枯季河道的干旱胁迫在减弱;所有极大值流量均呈现不显著的减小趋势[−1.7~−0.3 m³/(s·a)]。

表 2-3　1970—2019 年新安江流域上游主要水文站点极值流量的均值及变化评价指标表

流量	均值(m³/s)			变化趋势[m³/(s·a)]			两个时段变化(%)		
	月潭站	屯溪站	渔梁站	月潭站	屯溪站	渔梁站	月潭站	屯溪站	渔梁站
年最小 1 日	1.5	5.2	2.7	−0.03 *	−0.02	+0.03 *	−56	−19	−8
年最小 3 日	1.7	5.8	3.0	−0.03 *	−0.003	+0.04 *	−45	−9	+16
年最小 7 日	2.1	6.6	3.3	−0.01	+0.03	+0.05 *	−24	+6	+12
年最小 30 日	3.4	10.5	5.0	+0.02	+0.05	+0.04 *	−5	−4	+1
年最小 90 日	8.4	24.3	11.1	+0.03	+0.04	+0.07 *	−18	−20	−7
年最大 1 日	837	2 090	1 069	+5.1	+6.5	−1.5	+23	+19	+10
年最大 3 日	548	1 390	707	+2.8	+2.8	−1.7	+25	+22	+17
年最大 7 日	347	878	444	+1.9	+2.3	−0.6	+26	+23	+15
年最大 30 日	152	394	190	+0.5	+0.6	−0.3	+14	+13	+6
年最大 90 日	95	245	114	+0.05	−0.3	−0.3	+8	+5	−0.4

注:"*"表示变化趋势显著($P<0.05$)。

根据极值流量发生时间的均值及变化评价指标表(表 2-4),月潭、屯溪与渔梁站年最小 1 日流量发生时间均值分别为儒略日 332、305 和 300(10 下旬—11 月下旬),掌握低流量发生时间能够有利于分析流域干旱胁迫发生规律;月潭站年最小 1 日流量发生时间表现为提前趋势,屯溪和渔梁站年最小 1 日流量发生时间表现为延后趋势,但 3 座站点的变化趋势均不显著。3 座站点年最大 1 日流量发生时间均值处于儒略日 165~168(6 月中旬),掌握高流量发生时间能够为流域洄游鱼类产卵提供线索,在满足河流中鱼类产卵流量目标的同时,亦可防止低氧沼泽排水对河流干流的溶解氧影响;3 座站点年最大 1 日流量发生时间均呈现不显著的提前趋势。从两个时段极值流量发生时间变化来看,月潭站年最小 1 日流量和屯溪站年最大 1 日流量发生时间均发生了明显变化(变化天数大于 1 旬),均提前 12 天。

表 2-4　1970—2019 年新安江流域上游主要水文站点极值流量发生时间的均值及变化评价指标表

发生时间	均值			变化趋势(d/a)			两个时段变化(d)		
	月潭站	屯溪站	渔梁站	月潭站	屯溪站	渔梁站	月潭站	屯溪站	渔梁站
年最小 1 日流量发生时间	332	305	300	−0.37	+0.06	+1.00	−12.1	+2.8	+9.0
年最大 1 日流量发生时间	165	167	168	−0.05	−0.38	−0.12	−0.2	−12.0	−5.5

注:"＊"表示变化趋势显著($P<0.05$)。

2.2.2　高低脉冲及其历时

根据高低脉冲的均值及变化评价指标表可知(表 2-5),月潭、屯溪与渔梁站年低流量脉冲数量均值分别为 12.7 次、11.2 次和 11.3 次,持续时间均值分别为 7.0 天、6.2 天和 5.3 天;3 座站点低流量脉冲数量均呈显著增加趋势,相应持续时间均呈减小趋势,其中渔梁站低流量脉冲持续时间的减小趋势显著;两个时段变化百分比结果显示,月潭和屯溪站低流量脉冲数量出现实质性增加。3 座站点高流量脉冲数量均值分别为 13.5 次、14.7 次和 15.0 次,相应持续时间均值分别为 5.2 天、4.8 天和 4.3 天;3 座站点高流量脉冲数量均呈减小趋势,持续时间均呈增加趋势,其中,屯溪站高流量脉冲的数量和持续时间变化趋势均显著;两个时段高流量脉冲未出现实质性变化。总体而言,流域高低脉冲变异性增强,低流量脉冲更加频繁短促,高流量脉冲频次减少、时长增加。

表 2-5　1970—2019 年新安江流域上游主要水文站点径流高低脉冲的均值及变化评价指标表

年脉冲频率及历时	均值(次或天)			变化趋势(次/年或天/年)			两个时段变化(%)		
	月潭站	屯溪站	渔梁站	月潭站	屯溪站	渔梁站	月潭站	屯溪站	渔梁站
低流量脉冲数量	12.7	11.2	11.3	+0.37＊	+0.18＊	+0.11＊	+112	+37	−1

年脉冲频率及历时	均值（次或天）			变化趋势 （次/年或天/年）			两个时段变化（%）		
	月潭站	屯溪站	渔梁站	月潭站	屯溪站	渔梁站	月潭站	屯溪站	渔梁站
低流量脉冲持续时间	7.0	6.2	5.3	−0.13	−0.08	−0.11*	+5	−4	−22
高流量脉冲数量	13.5	14.7	15.0	−0.002	−0.075*	−0.032	−12	−17	−14
高流量脉冲持续时间	5.2	4.8	4.3	+0.010	+0.035*	+0.005	+10	+23	+30

注："*"表示变化趋势显著（$P<0.05$）。

2.2.3　水文条件变化

从 3 座站点水文条件变化变量的均值及变化评价指标表来看（表 2-6），水文逆转次数均值处于 351.8～355.6 次，且呈现显著的上升趋势，表现出流域的水文条件变异性增强；屯溪站的上升率均值最高（1.49 m^3/s），月潭站的上升率均值最低（0.54 m^3/s），3 座站点的上升率均呈现下降趋势，且渔梁站的上升率下降趋势显著；屯溪站的下降率均值最高（0.77 m^3/s），月潭站的下降率均值最低（0.31 m^3/s），3 座站点的下降率变化趋势均不显著。

表 2-6　1970—2019 年新安江流域上游主要水文站点水文条件变化变量的
均值及变化评价指标表

水文条件变化变量	均值（次或 m^3/s）			变化趋势[次/年或 $m^3/(s·a)$]			两个时段变化（%）		
	月潭站	屯溪站	渔梁站	月潭站	屯溪站	渔梁站	月潭站	屯溪站	渔梁站
水文逆转次数	355.3	355.6	351.8	+0.46*	+0.38*	+0.55*	+3	+2	+4
上升率	0.54	1.49	0.71	−0.10	−0.34	−0.43*	−11	−12	−15
下降率	0.31	0.77	0.38	−0.09	−0.06	+0.10	+15	+4	−4

注："*"表示变化趋势显著（$P<0.05$）。

2.3　流域河道水质变化分析

河道水质是水源地评价的重要内容，本研究根据新安江流域的特点，重点评价研究区河道的 TN 与 TP 指标。研究区范围内布设有 8 座水质站，分别监测新安江干流及重要支流的水质。2011—2019 年站点逐月水质监测数据来源于黄山市生态环境局,站点分布如图 2-7 所示。本研究通过绘制研究区各站点逐年与逐月水质箱型图,掌握流域河道水质的年际与季节规律;利用 SPSS 软件聚类分析站点水质,将数据进行标准化和降维,遴选最有效的特征并进行转换,选择距离函数(平方欧式距离)进行接近程度度量并执行聚类,结合聚类分析谱系图和月均归一化浓度玫瑰图,分析站点间水质浓度的空间特征。其中,玫瑰图的面积反映浓度分布情况,当浓度分布越集中时,越靠近归一化浓度取值 0.5 所包围的面积;当浓度分布越离散时,若较大值偏离平均值越远,则玫瑰图包络线覆盖面积越小,若较小值偏离平均值越远,则玫瑰图包络线覆盖面积越大。

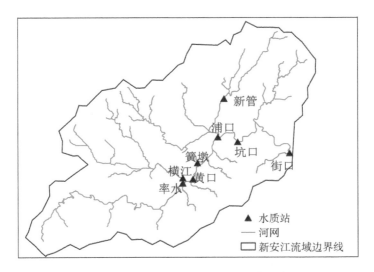

图 2-7　新安江流域上游水质站点分布

2.3.1　河道水质时间变化

根据流域内 8 座站点 2011—2019 年 TN 浓度年际和月际数据绘制的箱型图[图 2-8(a1,a2)],各年份 TN 浓度中位数处于 1.1~1.9 mg/L 之间,各年份 TN 浓度最大值处于 2.2~3.9 mg/L 之间,TN 浓度中位数和最大值最大的年份均为 2013 年;TN 浓度异常值在 2011 年最大,这个最大值发生在 10 月,TN 浓度高达 6.3 mg/L。各月份 TN 浓度中位数处于 0.9~1.9 mg/L 之间,最大值处于 2.0~4.0 mg/L 之间;TN 浓度存在显著的季节性规律,体现在冬春季(12 月至次年 5 月)浓度较高,该时段内浓度中位数处于 1.6~1.9 mg/L 之间,最大值处于 2.7～4.0 mg/L 之间;夏秋季(6—11 月)TN 浓度较低,浓度中位数处于 0.9～1.5 mg/L 之间,最大值处于 2.0～3.0 mg/L 之间;汛后(8—10 月)TN 浓度最低,浓度中位数处于 0.9～1.1 mg/L 之间,最大值处于 2.0～2.4 mg/L 之间。各年份 TP 浓度中位数处于 0.04～0.07 mg/L 之间[图 2-8(b1,b2)],最大值处于 0.11～0.16 mg/L 之间;各年份异常值中最大的为 0.20 mg/L,发生在 2013 年和 2015 年,发生月份为 4 月和 7 月。各月份 TP 浓度中位数处于 0.04～0.07 mg/L 之间,最大值处于 0.10～0.16 mg/L 之间;TP 浓度中位数在汛期(4—7 月)相对较高,浓度中位数处于 0.06～0.07 mg/L 之间,相应的最大值处于 0.12～0.16 mg/L 之间;TP 浓度中位数在汛后(8—11 月)相对较低,浓度中位数处于 0.04～0.05 mg/L 之间,相应的最大值处于 0.10～0.16 mg/L 之间。

新安江流域上游出口(街口站)2011—2019 年 TN 浓度年际和月际变化箱型图显示[图 2-9(a1,a2)],各年份 TN 浓度中位数处于 1.1～2.1 mg/L 之间,最大值处于 1.2～3.7 mg/L 之间;各月份 TN 浓度表现为汛后月份(8—11 月)较低,其他月份相对较高。各年份 TP 浓度中位数处于 0.04～0.10 mg/L 之间[图 2-9(b1,b2)],最大值处于 0.05～0.18 mg/L 之间;各月份 TP 浓度表现为汛期较高,非汛期总体相对较低。参考湖库Ⅲ类阈值(GB 3838—2002:TN 为 1 mg/L,TP 为 0.05 mg/L),街口站 TN 和 TP 浓度中位数一年中分别有 10 个月和 4 个月高于Ⅲ类阈值。

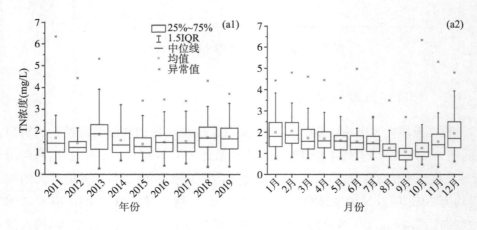

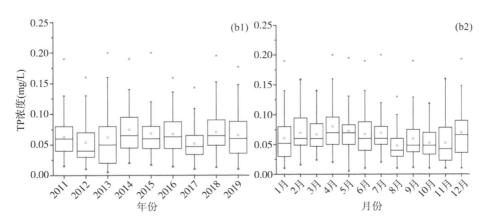

图 2-8　2011—2019 年新安江流域上游水质站点 TN 和 TP 浓度年际与月际变化箱型图

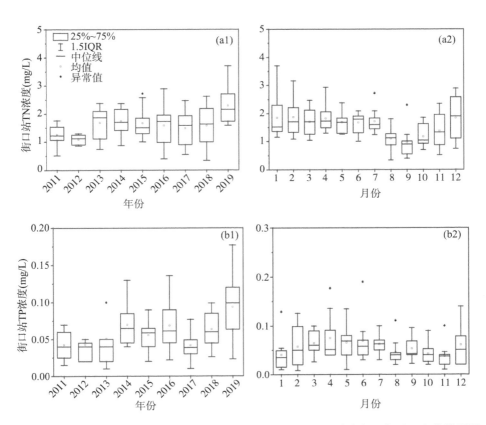

图 2-9　2011—2019 年新安江流域上游出口(街口站)TN 和 TP 浓度年际与月际变化箱型图

2.3.2 河道水质空间特征

根据 TN 浓度系统聚类分析谱系图和月均归一化玫瑰图可知（图 2-10），8 座站点 TN 浓度可分为 3 组。第 1 组为新管站，其玫瑰图外包络线覆盖面积最小，各月月均归一化 TN 浓度均小于 0.4，主要是 TN 浓度在少数年份存在明显高值（2011 年、2012 年与 2013 年），而其余年份浓度均相对较低，夏季、秋季 TN 浓度较冬季、春季浓度明显偏低，9 月浓度最低；第 2 组为浦口站，其玫瑰图包络线覆盖面积相对大些，但除 2 月以外其他各月月均归一化 TN 浓度值均小于 0.5，2 月 TN 浓度最高，10 月 TN 浓度最低；第 3 组为率水、横江、街口、黄口、簧墩、坑口共 6 座站点，上述站点 TN 分布规律类似，玫瑰图包络线覆盖面积相对较大，月均归一化 TN 浓度相对更靠近 0.5，体现水质浓度变化相对平稳，2 月浓度最高，9 月浓度最低。

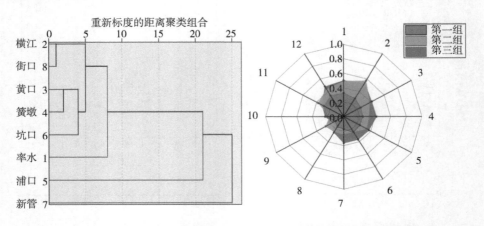

图 2-10　2011—2019 年新安江流域上游水质站点 TN 浓度系统聚类分析谱系图与月均归一化玫瑰图

同样地，根据 TP 浓度系统聚类分析谱系图和月均归一化玫瑰图将 8 座站点分为 3 组（图 2-11）。第 1 组为率水站，其玫瑰图包络线覆盖范围较小，明显偏离归一化浓度取值 0.5 的包络线，主要是部分年份 TP 浓度明显偏高（2011 年），TP 浓度在 4 月和 7 月较高，而 8 月和 9 月较低；第 2 组为横江、街口、新管、黄口、簧墩、坑口共 6 座站点，其玫瑰图包络线覆盖范围相对较大，TP 浓度分布相对更加均衡，而 TP 浓度玫瑰图包络线的形状与率水站较为类似，除 1 月和 9 月外两组 TP 浓度月际分布规律基本一致；第 3 组为浦口站，其玫瑰图包络线覆盖范围最靠近归一化浓度取值 0.5 的包络线,水质浓度总体较为稳定,5 月浓度最高,11 月浓度最低。

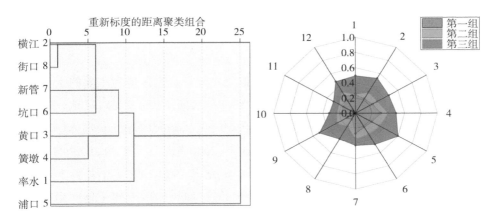

图 2-11　2011—2019 年新安江流域上游水质站点 TP 浓度系统聚类分析
谱系图与月均归一化玫瑰图

2.4　流域水量与水质主要人为影响因素变化分析

新安江流域水量与水质不仅受到气候变化的影响,还受到土地利用变化和污染源输入量变化等人类活动的影响。本研究采用的土地利用数据源自中国科学院地理科学与资源研究所提供的 1980 年、1990 年、2000 年、2010 年与2018 年共 5 期数据,其空间分辨率为 30 m。值得指出的是,本研究参考 Zhai 等(2014)的研究,认为新安江流域上游茶园的分布与土地利用数据二级分类中其他林地相一致。研究区点源污染年排放量数据来自黄山市环保局,数据时段为1980—2019 年,涉及黄山市屯溪区、黄山区、徽州区、歙县、祁门县、休宁县、黟县,以及宣城市绩溪县。研究区社会经济统计数据中,1980—2011 年数据由德国莱布尼茨转型经济农业发展研究所提供,2012—2019 年数据源自《黄山统计年鉴》和《宣城统计年鉴》。数据类型包括总人口、农村人口,第一产业产值,作物产量(水稻、小麦、玉米、大豆、土豆、油料、水果和茶),施肥量(氮肥、磷肥和复合肥),畜禽养殖量(家禽、猪、牛和羊),以及产蛋量和水产品产量。大气氮湿沉降数据采用贾彦龙等(2019)提供的 1996—2000 年、2001—2005 年、2006—2010 年和 2011—2015 年四期 1 km×1 km 分辨率的无机氮湿沉降空间数据集,包括氨氮、硝氮和溶解性无机氮(前两者之和);大气氮干沉降数据采用 Jia 等(2016)提供的 2006—2010 年、2010—2015 年二期 10 km×10 km 分辨率无机氮干沉降空间数据集,包含颗粒态氨氮、颗粒态硝氮,以及气态氨气和二氧化氮等。

2.4.1 土地利用变化

根据 2018 年土地利用类型数据可知(表 2-7),研究区最为主要的土地利用类型是林地(63.7%),其次依次是水田(13.8%)、灌木(12.2%)、草地(4.5%)、旱地(1.6%)、城镇居民(1.4%)、农村居民(1.0%)、茶园(1.0%)、水体(0.7%),最后是滩地(0.1%)。基于 1980 年、1990 年、2000 年、2010 年和 2018 年五期土地利用类型占比对比分析可知(图 2-12),研究区 1980—2019 年各种土地利用类型的变化面积占流域总面积比例均小于 2%。1980—2019 年土地利用变化率超过 1%且 2000—2019 年土地利用面积发生变化的土地利用类型主要有 4 类,分别为水田、旱地、城镇居民和农村居民用地。结合 1980 年与 2018 年土地利用变化空间分布对比图(图 2-13),发现两种比较明显的集中连片的转化规律,一是流域内地势较高的山区存在多处集中的林地转化为灌木和草地(主要发生在 2000 年以前),二是城镇周边的水田和旱地转化为城镇居民用地(主要发生在 2000 年以后)。综合分析判断可知,2000—2019 年土地利用变化主要为两个方向:一是水田、旱地与农村居民用地转化为城镇居民用地,二是水田、旱地与农村居民用地间的相互转化。

表 2-7　1980 年和 2018 年新安江流域上游不同土地利用类型面积比例

土地利用类型	1980 年面积比例(%)	2018 年面积比例(%)
林地	65.4	63.7
灌木	11.1	12.2
茶园	1.0	1.0
水田	15.4	13.8
旱地	2.0	1.6
草地	3.6	4.5
城镇居民	0.1	1.4
农村居民	0.7	1.0
水体	0.7	0.7
滩地	0.1	0.1

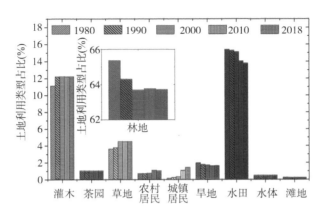

图 2-12 1980—2018 年新安江流域上游土地利用类型占比

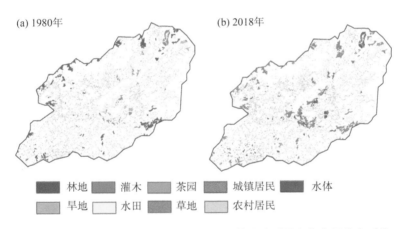

图 2-13 1980 年与 2018 年新安江流域上游土地利用变化空间分布对比

2.4.2 污染源输入量变化

新安江流域上游污染源数据分为点源污染和非点源污染两种类型。点源污染输入量主要是新安江流域上游城镇生活与工业污水经污水处理厂处理后排放的尾水,以及规模工业企业自行处理后直排入河的尾水。根据实测数据统计结果,绘制了 1980—2019 年点源污染输入量的时空分布图(图 2-14)。多年平均点源 TN 和 TP 输入量分别为 1.1×10^5 kg/a 和 8.2×10^3 kg/a。1980—2019 年点源污染呈现显著上升趋势,进入 2010s 以来增加趋势放缓。非点源污染输入量是指新安江流域上游由地表或大气以 NPS 形式输入到流域中的污染量,包括农村生活污染、肥料施用、固体废弃物、畜禽粪污、水产养殖与大气沉降等分散输

入。研究区 NPSs 氮磷负荷输入量的具体计算过程和空间分布详见本书第
3.2.3 节,本节根据统计数据与遥感数据计算结果,绘制了 1980—2019 年非点
源 TN 和 TP 输入量年时间序列图(图 2-15)。多年平均 NPSs 污染 TN 输入量
为 7 970 kg/(km² · a),大气氮沉降、氮肥与畜禽养殖贡献率分别为 46%、38%
和 10%。1980—2019 年 TN 输入量呈显著增加趋势[13.7 kg/(km² · a),$P=$
0.05],进入 2010s 以来明显下降;多年平均 NPSs 污染 TP 输入量为 777 kg/
(km² · a),磷肥、畜禽养殖和大气磷沉降贡献率分别为 54%、26% 和 13%。
1980—2019 年 TP 输入量呈显著增加趋势[13.6 kg/(km² · a),$P<0.05$],进
入 2010s 以来明显下降。综上所述,研究区污染源输入以 NPSs 为主,其输入量
占比约为 99%。

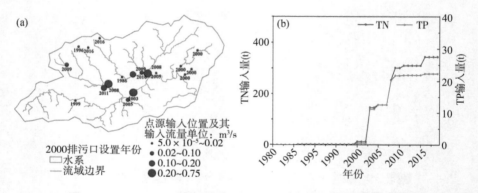

图 2-14   1980—2019 年新安江流域上游点源污染输入量时空分布

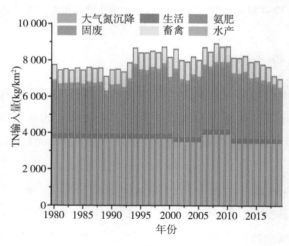

(a)

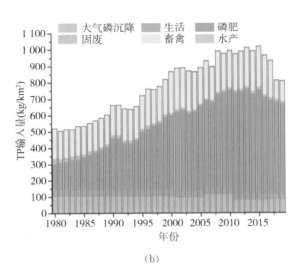

（b）

图 2-15　1980—2019 年新安江流域上游非点源污染输入量年时间序列

2.5　本章小结

本章分析了 1970—2019 年新安江流域上游与其周边 10 座气象站气温，以及研究区内 17 座气象站与雨量站降雨的演变规律，评价了 1970—2019 年 3 座水文站（控制流域面积的 74%）的流量及其发生时间、高低脉冲及其历时与水文条件变化相关的水文情势变化指标，统计了 2011—2019 年 8 座水质站氮磷浓度的时间变化及空间分布特征，分析了 1980—2019 年流域土地利用与污染源变化特征，取得主要结论如下。

（1）研究区年均气温以 0.012～0.036 ℃/a 的速率升高，年最高气温以 0.002～0.031 ℃/a 的速率升高；年降雨日数以 −0.97～0.05 d/a 的速率变化（17 座站点中有 16 座为降雨日数减少），降雨日平均雨强以每年 0.002～0.090 mm/(d・a) 的速率增加，说明流域年内降雨分布更加集中。

（2）月潭站年最小 1、3 日流量显著减小，表明其极端干旱胁迫在增强；3 座水文站极大值（极小值）流量出现在儒略日 165～168（300～332）；3 座水文站低流量脉冲数量均显著增加（0.11～0.37 次/年），相应持续时间均呈减小趋势，高流量脉冲数量均呈减小趋势，相应持续时间均呈增加趋势，说明流域高低脉冲变异性在增强；3 座水文站水文逆转次数均显著增加（0.38～0.55 次/年），说明流域水文条件变异性在增强。

将研究时段均匀划分为两个时段(1970—1994 年与 1995—2019 年),发现相较于前一时段,后一时段 3 座水文站 1 月和 12 月均值流量均明显增加(46%～64%),10 月均值流量明显减少(34%～44%);月潭站所有极小值流量均下降,月潭站和屯溪站所有极大值流量均上升;月潭站年最小日流量和屯溪站年最大日流量发生时间均提前 12 天;3 座水文站高流量脉冲数量均减少且持续时间均增加;3 座水文站水文逆转次数均增加,且流量上升率降低。

(3) 研究区在 2011—2019 年所有站点所有月份 TN 和 TP 浓度中位数分别在 1.1～1.9 mg/L 和 0.04～0.07 mg/L 之间;河道 TN 浓度中位数表现为冬春季(12 月至次年 5 月)较高,处于 1.6～1.9 mg/L 之间;而 TP 浓度在汛期(4—7 月)较高,浓度中位数在 0.06～0.07 mg/L 之间;流域上游出口站 TN 和 TP 浓度中位数一年中分别有 10 个月和 4 个月高于 1 mg/L 和 0.05 mg/L(湖库Ⅲ类阈值)。

(4) 研究区 1980—2019 年各种土地利用类型的变化面积占流域总面积比例均小于 2%,土地利用类型在空间上存在两种明显变化规律:一是地势较高的山区多处成片林地退化,二是城镇化。研究区多年平均点源 TN 和 TP 输入量分别为 1.1×10^5 kg/a 和 8.2×10^3 kg/a;多年平均非点源 TN 和 TP 输入量分别为 7 970 kg/(km² · a) 和 777 kg/(km² · a),分别以大气氮沉降和磷肥为主导。

第 3 章

基于分布式模型的新安江流域
上游非点源污染模拟

　　第 2 章研究表明新安江流域上游以 NPSs 污染输入为主,然而 NPSs 污染的来源较为分散,基于河道水质站点观测对 NPSs 污染空间分布特征的认识不足,流域水文过程和非点源污染之间的关系认识不清,严重影响了水源地的水质保护。为揭示大尺度、长序列的径流、泥沙与氮磷的时空连续变化,并预估未来气候-土地利用-污染源变化情景下新安江流域上游的水文与水质效应,亟需开展基于分布式模型的新安江流域上游非点源污染模拟研究。本章整合多源数据构建研究区下垫面、气候与污染源数据集,考虑土地利用与社会经济的动态变化,结合各类污染源输入特点,研究污染源模型输入量计算与时空展布方法,设置模型适宜的参数化方案,实现新安江流域上游径流-泥沙-氮磷的长序列(径流 1970—2019 年;泥沙与氮磷 1980—2019 年)、高分辨率(1 km×1 km)的时空动态模拟,并评估模型对于研究区河道径流、泥沙与氮磷负荷模拟的适用性。

3.1　模型结构框架与基本原理

　　本研究采用基于地貌学的流域非点源污染模型(GBNP)，该模型是 Tang 等 (2011)在基于地貌学的流域分布式水文模型(GBHM)(Yang，1998)的基础上，通过耦合土壤侵蚀、泥沙运移和污染物迁移转化等生物地球化学过程研发而成。王艾(2016)利用 GBNP 模型模拟分析了新安江流域上游 1990—2013 年人类活动净氮输入的时空变化及其河道水质影响。在前人研究的基础上，本章充分考虑新安江流域上游气候与人类活动变化，采用 5 期土地利用数据，兼顾地表污染源(农村生活、畜禽养殖、固体废弃物、水产养殖与农作物肥料污染)和大气污染源(大气干湿沉降污染)输入，从影响流域水质的两项重要指标 N 和 P 入手，进一步完善基于 GBNP 模型的新安江流域上游径流-泥沙-氮磷精细化模拟。采用 1 km×1 km 分辨率网格系统来表征气候驱动与土壤植被等下垫面信息的空间变异性，每个 1 km 网格是水文与生物地球化学过程模拟的基本单元。基于 1 km 网格系统，将新安江流域上游划分为 77 个河网相互关联的子流域(图 3-1)。模拟时间步长为 1 h，分别按照日尺度、月尺度和年尺度进行结果分析。

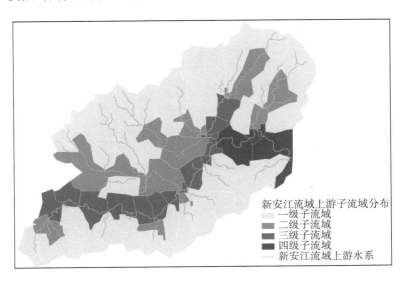

图 3-1　新安江流域上游子流域分布图

3.1.1　模型结构框架

GBNP 模型的结构框架如图 3-2 所示。在模型模拟计算过程中,按照网格输入数据,并在每个网格上计算过程变量。GBNP 模型的输入数据包括流域下垫面、气象与污染源数据三类。其中,流域下垫面数据包含 DEM、土壤属性、土地利用与 NDVI,气象数据包括降雨、气温、风速、气压、相对湿度和日照时数,污染源数据包括生活污染、工业排放、施肥与固废污染、畜禽与水产养殖污染及大气沉降污染等。GBNP 模型能够模拟降水事件发生后,山坡单元上水文过程、土壤侵蚀与污染迁移转化过程,以及河网单元上流量演进、泥沙输移及溶质运移与转化过程。模型分别输出径流深、蒸散发、土壤侵蚀与污染负荷等网格数据,以及河道流量、泥沙通量与营养盐等河道通量数据。

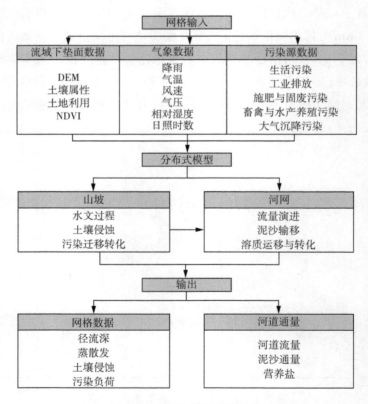

图 3-2　GBNP 模型结构框架

3.1.2　模型基本原理

GBNP 模型包括水文模块、土壤侵蚀模块与氮磷模块,用来模拟流域水文循环及其伴生过程。水文循环过程包括降水事件中大气降水落于地面,部分填洼和被冠层截留,部分入渗至土壤,超过土壤下渗率或土壤饱和含水率的多余水量汇入河道形成地表径流,入渗到潜水面的水量形成地下径流,部分水量以水面蒸发、冠层截留蒸发、植被蒸腾与土壤蒸发等方式返回大气;伴生过程包括透水下垫面的土壤侵蚀、肥料冲刷与污染物迁移转化等过程,以及不透水下垫面的污染物累积-冲刷等过程。水文过程变化不仅改变了被携带的溶解态与吸附态污染物含量,同时通过改变径流量影响河道水质浓度。

为了高效地表征地形与下垫面特征,GBNP 模型采用了与 GBHM 模型相同的离散化方法和次网格参数化方案。模型中每个网格都是由许多具有相似地形的"山坡-河网"单元组成,作为模拟的基本单元。山坡上污染物伴随降雨-径流过程,能够在土壤和径流之间交换,并在非饱和土壤剖面中浸出(Tang et al.,2011)。因此,GBNP 模型在垂直方向上按照三层模拟污染物移动:随地表径流移动,在水土混合层中径流与土壤交换,以及在下层土壤中淋失(Gao et al.,2004)。河网中污染物伴随洪水演进,分为溶解态(硝态氮、氨氮和溶解态磷)和吸附态(有机氮和有机磷)。吸附态污染物在河网中的移动过程结合泥沙过程来描述(Yu et al.,2006),溶解态污染物的运动用对流弥散方程表征(Yu et al.,2006;Chu,1994)。GBNP 模型考虑了不同组分氮磷在迁移过程中复杂的生化反应。在GBNP 模型中,非点源污染的形成、迁移与转化及其输移路径见图 3-3,模型详细介绍见 Tang 和 Wang 等人的相关文献(Tang et al.,2011;Wang et al.,2016)。下面重点介绍 GBNP 模型的营养盐在山坡与河网单元中迁移转化过程的基本原理。

（1）营养盐坡面过程

在山坡上,硝态氮、氨氮、有机氮、溶解磷和有机磷等营养盐的运输和转化过程与降雨-径流过程紧密耦合。透水与不透水下垫面,其营养盐沿坡面的迁移与转化特征不同。在林地、草地、湿地、裸土与农田等透水下垫面,其氮磷主要来源于土壤本底养分及凋落物分解的养分回归,农田下垫面还叠加了肥料施加及秸秆还田养分等,研究区林地下垫面中部分种植茶树,其施肥强度与小麦水平相当,茶树种植区亦需考虑肥料因素。在城镇小区、厂房、垃圾中转站、道路等不透

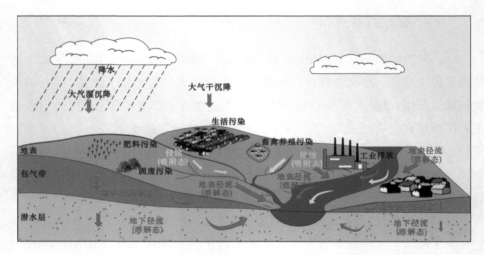

图 3-3　GBNP 模型中非点源污染的形成与迁移转化及其输移路径

水下垫面,其营养盐来源主要是大气沉降、汽车尾气排放与垃圾渗滤液等。坡面营养盐迁移转化是一个连续过程,在无雨日主要发生形态转变,对于透水下垫面还会伴随蒸散发与微生物降解过程在土壤中运移;在有雨日,透水下垫面在降水冲刷下,营养盐会融于水体在径流层随之汇流,被混合层土壤颗粒吸附随之运移,伴随入渗过程在非饱和层向下部与侧向淋溶,而不透水下垫面主要发生形态转变,以及随径流层的汇流。

a. 溶质运移

对于不透水下垫面,将营养盐溶质的迁移概化为一个累积-冲刷过程,在有雨日时,将无雨日累积的污染物逐步冲刷出来,利用营养盐累积-冲刷方程描述上述过程。

$$\frac{\mathrm{d}D_{ac} \cdot c_p}{\mathrm{d}t} = -c_e \cdot q_r \cdot D_{ac} \cdot c_p \tag{3-1}$$

$$D_{ac} = \frac{D_{acm} \cdot t_{ac}}{t_{ac} + t_{ha}} \tag{3-2}$$

其中,D_{ac} 为尘土累积量,kg/ha;c_p 为尘土中污染物的比例系数,kg/kg;c_e 为冲刷系数,mm^{-1};q_r 为径流强度,mm/h;D_{acm} 为最大累积量,kg/ha;t_{ac} 为自上次降雨后尘土累积的天数;t_{ha} 为尘土累积到最大累积量一半时需要的天数。若城市街道有清扫,则考虑利用残余系数估算剩余的累积量。

对于透水下垫面,降雨-径流过程中土壤中氮磷等营养物质的流失存在两种形式,一种是溶解态氮磷随着径流过程离开土壤,另一种是吸附态氮磷在土壤侵蚀过程中跟随土壤颗粒流失。溶解态污染物在径流层、混合层与土壤层迁移过程采用质量守恒方程描述。吸附态营养物质运移与泥沙迁移有关,参考 SWAT (Neitsch et al.,2011)中的计算方法,利用产沙量、单位泥沙吸附态物质质量与富集比计算坡面吸附态营养物流失量。其中,富集比与单位体积径流量中泥沙含量成指数相关。

$$\frac{\partial(d_{\mathrm{w}}c_{\mathrm{w}})}{\partial t} + \frac{\partial(qc_{\mathrm{w}})}{\partial x} = e_{\mathrm{r}}(c_{\mathrm{e}} - \gamma c_{\mathrm{w}}) - ic_{\mathrm{w}} \tag{3-3}$$

$$\frac{\partial(\theta d_{\mathrm{e}}c_{\mathrm{e}})}{\partial t} = J + e_{\mathrm{r}}(\gamma c_{\mathrm{w}} - c_{\mathrm{e}}) + i(c_{\mathrm{w}} - c_{\mathrm{e}}) + S \tag{3-4}$$

$$\frac{\partial(\theta c_{\mathrm{s}})}{\partial t} = \frac{\partial}{\partial z}\Big(D_{\mathrm{s}} \cdot \frac{\partial c_{\mathrm{s}}}{\partial z} - ic_{\mathrm{s}}\Big) + S \tag{3-5}$$

$$O_{\mathrm{S}} = C_{o} \cdot S_{P} \cdot \varepsilon \tag{3-6}$$

$$\varepsilon = 0.78 \cdot (C_{\mathrm{sed}})^{-0.2468} \tag{3-7}$$

其中,d_{w} 为地表积水深度,m;c_{w} 为径流中污染物浓度,mg/L;q 为地表径流单宽流量,$\mathrm{m^2/s}$;e_{r} 为降水驱动下土壤水与径流之间交换率,m/s;c_{e} 为混合层污染物浓度,mg/L;γ 为径流中溶质浓度对土壤溶液的影响系数,取值为 $0\sim1$;i 为地表入渗率,m/s;θ 为土壤含水率;d_{e} 为混合层厚度,m;J 为下层土壤扩散项,$\mathrm{m \cdot mg/(s \cdot L)}$;$S$ 为源汇项,$\mathrm{m \cdot mg/(s \cdot L)}$;$c_{\mathrm{s}}$ 为溶质浓度,mg/L;D_{s} 为土壤中污染物扩散系数,$\mathrm{m^2/s}$;O_{S} 为坡面单元上随地表径流迁移到河道中的有机污染物质量,kg;C_{o} 为表层土壤中有机物质含量,kg/t;S_{P} 为坡面单元产沙量,t;ε 为污染物富集比;C_{sed} 为地表径流中泥沙含量,$\mathrm{Mg\ sed/m^3\ H_2O}$。

b. 营养盐形态转化

GBNP 模型在垂直方向上考虑大气、植被、土壤与地下四层,氮素在四层介质中发生一系列生物地球化学过程,主要在有机物、无机盐和气态三种形态八种物质中转换(图 3-4)。土壤中氮素来源于自然本底及人工添加的有机肥和化肥等。有机肥中的有机氮可氨化为铵态氮,铵态氮经过硝化过程能够转变为亚硝酸盐和硝酸盐;铵态氮在硝化的同时也会伴随土壤入渗发生淋溶或以氨气形式挥发到大气中,亚硝酸盐和硝酸盐通过反硝化可转变为一氧化氮、一氧化二氮、氮气或经过淋溶到地下；植物能够通过吸收大气中的氮气，以及土壤中的铵盐和硝酸盐来固定氮素，转化成有机氮，以上是自然界中氮循环的主要过程。以田块系统为单元，氮收入项为生物固氮、有机肥与化肥施加及秸秆还田，氮支出项为淋溶入渗与坡面流失损失、氨挥发与反硝化气态损失，系统内部过程为氨化与硝化过程、矿化与固化过程、吸附与解吸过程等。值得指出的是，坡面流失的离子态氮为 NPSs 污染的主要控制对象。

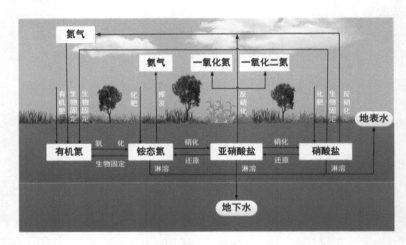

图 3-4　GBNP 模型氮循环过程示意图（参考 Kuypers et al.，2018）

磷的性质相对稳定，主要以固体与液体两种形式存在，磷循环涉及植被、土壤与地下三层（图 3-5）。土壤中磷主要来自磷酸盐岩与磷灰石中赋存的初级磷

图 3-5　GBNP 模型磷循环过程示意图（参考 Tian et al.，2021）

矿物,钙磷酸盐、铁磷酸盐、铝磷酸盐等次级磷矿物,以及人工施加的有机肥和化肥等。有机肥中的有机磷能够矿化成为溶解态磷,溶解态磷能够析出成为吸附态磷或发生淋溶入渗和坡面迁移,而吸附态磷亦能解吸成为溶解态磷;植物吸收土壤中的溶解态磷,以维持自身生长需求,并将其固定为有机磷。田块磷系统收入项为有机肥与化肥施加以及残茬降解,支出项为淋溶入渗与坡面流失损失、沉淀成为次级磷矿物,系统内部过程为矿化与固化过程、吸附与解吸过程、沉淀与分解过程等。同样地,坡面流失的离子态磷为 NPSs 污染的主要控制对象。

采用 Richard 方程和对流-扩散方程分别描述坡面以下非饱和土壤水分运动与溶质运移过程,在对流-扩散方程中考虑吸附、解吸、挥发与转化等一系列过程。对流-扩散方程中的源汇项主要指施肥、有机质矿化、氮磷营养盐在各类形态间的转化与作物的吸收量。其中,化合物形态转化过程(矿化、硝化与反硝化)采用一阶动力学反应方程来描述,作物吸收利用过程根据经验公式进行计算(Watts and Hanks,1978)。

$$\frac{\partial(c_s + \rho c_{ss})}{\partial t} + \frac{\partial(q c_s)}{\partial z} = \frac{\partial}{\partial z}\left[\theta D \frac{\partial(c_s)}{\partial z}\right] + S_s \tag{3-8}$$

$$S_s \mathrm{d}t = c_{fer} + c_{min} - c_{tran} - c_{uptake} - c_{runoff} \tag{3-9}$$

$$c_{tran} = -\mu_i c_i \tag{3-10}$$

$$F_{up} = \begin{cases} 8.878 f_{gs}^{3.87} & 0 \leqslant f_{gs} \leqslant 0.3 \\ -0.660 f_{gs} + 3.485 f_{gs}^2 - 0.930 f_{gs}^3 - 0.899 f_{gs}^4 & 0.3 < f_{gs} < 1.0 \end{cases} \tag{3-11}$$

其中,c_{ss} 为吸附项的浓度,mg/kg;ρ 为水分运移速度,m/s;z 为土壤深度,m;θ 为 t 时刻距离地表深度 z 处的土壤体积含水率;D 为水动力弥散系数,m²/s;S_s 为溶质的源汇项,mg/(L·s);c_{fer} 为施肥量等效的土壤表层氮磷含量,mg/kg;c_{min} 为有机氮磷(土壤腐殖质、作物残余物)矿化为无机氮磷含量,mg/kg;c_{tran} 为不同形态间转化的含量,mg/kg;c_{uptake} 为作物吸收利用的含量,mg/kg;c_{runoff} 为地表径流与壤中流造成的损失量,mg/kg;μ_i 为转化反应系数;c_i 为各种化合物形态转化前的含量,mg/kg;F_{up} 为作物不同生长时间氮磷吸收量比例,f_{gs} 为当日累积生长天数占生长期的比例,作物每日氮磷吸收量取决于作物氮磷含量与生长阶段当日吸收比例的乘积。

（2）营养盐河道过程

在河网中，模拟溶解态（硝态氮、氨氮与溶解磷）、吸附态（有机氮与有机磷）污染物进入河道以后，发生的对流、扩散、冲刷与复氧等一系列物理变化，在一定的流速、水温等环境下发生的化学形态转化，以及伴随水生植物生长与凋亡过程产生的转化。河道溶解态营养盐主要发生溶质对流扩散、坡面沿程入流、形态转化以及底泥吸附与释放等过程。河道吸附态营养盐以有机物为主，发生对流扩散与沿程入流，以及底泥淤积与冲刷。以下采用不同的对流扩散方程分别描述溶解态与吸附态在河道中的演变过程。

$$\frac{\partial (Ac_{rd})}{\partial t} + \frac{\partial (Qc_{rd})}{\partial x} = \frac{\partial}{\partial x}\left(AE_x \frac{\partial (c_{rd})}{\partial x}\right) + S \qquad (3\text{-}12)$$

$$c_r \frac{\partial (Ac_{rs})}{\partial t} + c_r \frac{\partial (Qc_{rs})}{\partial x} - \frac{\partial}{\partial x}\left(AE_x \frac{\partial (c_r c_{rs})}{\partial x}\right) = q_1 c_{rsl} c_{rl} + \alpha\omega B(c_r^* - c_r)(c_k - c_{rs})$$

$$(3\text{-}13)$$

其中，A 为过流断面面积，m^2；c_{rd} 为河道溶质浓度，mg/L；Q 为断面流量，m^3/s；E_x 为沿河流方向弥散系数，m^2/s；S 为源汇项，g/(m·s)；c_r 为河道泥沙浓度，kg/m^3；c_{rs} 为河道吸附态污染物浓度，mg/L；q_1 为侧向汇入流量，m^3/s；c_{rsl} 为侧向汇入的吸附污染物浓度，mg/kg；c_{rl} 为侧向汇入的泥沙浓度，kg/m^3；α 为泥沙恢复饱和系数；ω 为泥沙沉降速率，m/s；B 为河流宽度，m；c_r^* 为河流最大挟沙能力，kg/m^3；c_k 为冲淤泥沙中吸附态污染物浓度，mg/L。

3.2 模型输入数据准备

3.2.1 流域下垫面数据

新安江流域上游下垫面数据类型及其来源如表 3-1 所示，地形数据采用美国地质调查局提供的 30 m 空间分辨率的 DEM 数据，土壤数据采用世界土壤数据库提供的 1 km 空间分辨率的土壤属性数据，采用的土地利用数据与本节第二章一致，植被数据采用 MODIS 观测获取的每半月一次的 1 km 空间分辨率的 NDVI（归一化植被指数）数据，数据时段为 1982—2019 年。流域土地利用数据采用重采样法（Majority 类型）获取 1 km×1 km 网格输入数据。

表 3-1　新安江流域上游研究区下垫面数据类型及其来源

数据类型	数据来源	数据时段	空间分辨率
DEM	美国地质调查局	—	30 m
土壤属性	世界土壤数据库	—	1 km
土地利用	中国科学院地理科学与资源研究所	1980 年、1990 年、2000 年、2010 年、2018 年	30 m
NDVI	MODIS	1982—2019 年	1 km

3.2.2　气象数据

本章采用的气象站数据与第二章保持一致。前文提到《中华人民共和国水文年鉴》中有 40 座雨量站（图 3-6），其中，12 座站点数据从 1970 年开始，其余 28 座站点的数据起始时间略有差异。为充分利用所有雨量站数据信息，建模时采用反距离权重插值（IDW）方法，利用该年度所有雨量站数据对每年降雨数据进行空间插值。由于缺少 1990—1999 年雨量站数据，此时段雨量数据采用国家青藏高原科学数据中心研发的空间分辨率为 0.1° 的降水产品来代替（阳坤和何杰，2019）。流域气候驱动数据采用 IDW 方法获取 1 km×1 km 网格输入数据。

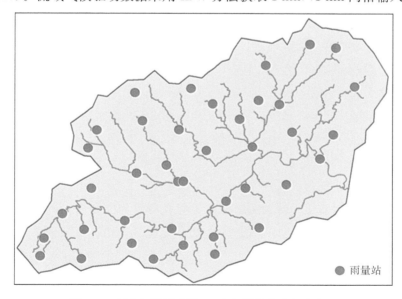

图 3-6　新安江流域上游 40 座雨量站点空间分布图

3.2.3　污染源数据

第2.4.2节已提及研究区1980—2019年多年平均点源TN与TP输入量分别为1.1×10^5 kg/a和8.2×10^3 kg/a。本研究假定点源污染排放在全年中每个小时均匀产生,模型中根据排污口经纬度信息,将逐小时点源污染排放量直接输入该子流域内最近的河道上。

研究区农田种植业较为发达,主要种植稻谷、小麦、玉米、大豆与薯类等粮食作物,以及油料、糖料、水果与茶叶等经济作物。2019年,研究区粮食作物与经济作物产量分别为21.9万吨和12.2万吨[图3-7(a)],较1980年粮食作物产量减少了39.4%,经济作物产量增加了35.2%。经济作物产量增加的种类包括水果、糖料作物和茶叶,分别增加了6.5倍、4.2倍和1.1倍,而油料作物减少了近一半。同年研究区施肥总量达到2.93万吨[图3-7(b)],施肥强度为276.8 kg/ha,而1980年流域施肥强度仅为80.6 kg/ha,此后为确保产量,一直不断加大农田化肥施用强度,直到2012年开始逐步实施新安江生态补偿试点,施肥强度自2013年达到峰值(339.2 kg/ha)以后,呈现显著下降趋势。

研究区畜禽养殖包括生猪、牛、羊和禽类,统一折算为猪当量,2019年养殖规模为35.0万头(图3-8)。随着居民生活水平的提高,研究区畜禽养殖整体呈现增长态势,由1980年的51.8万头增加到2015年的80.6万头,2015年《国务院关于印发水污染防治行动计划的通知》出台,2016年原环保部与原农业部联合发布了《畜禽养殖禁养区划定技术指南》,2018年非洲猪瘟疫情首次出现,自2016年起流域畜禽养殖量持续下降(2018年出现断崖式下降),使得2019年养殖规模仅为1980年的68%。

研究区2019年水产品产量为8 781吨(图3-8),较1980年增加了15倍。水产品主要来自水产养殖,水产品养殖量在2010年前增加趋势显著,近10年来略有下降。2020年农业农村部发布了《长江十年禁渔计划》,这一计划引起社会对于河流生态保护的广泛关注。

由于NPSs污染相关原始统计数据不能直接作为模型输入,需提前计算污染物输入量后再输入模型,下面主要介绍研究区NPSs污染输入量的准备过程。

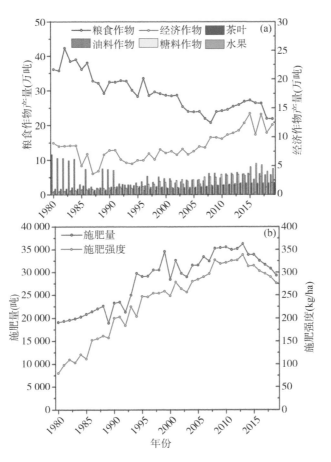

图 3-7　1980—2019 年新安江流域上游农作物年产量与施肥量的时间变化

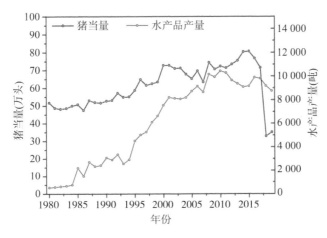

图 3-8　1980—2019 年新安江流域上游畜禽养殖量与水产品产量的时间变化

　　输出系数法在估算地表 NPSs 污染方面应用最为广泛(Johnes，1996；王思如 等，2021)。本研究利用输出系数法，根据人口、种植面积、作物产量、养殖规模、水产品产量及各类污染的排污系数(表 3-2)，计算各类地表污染源的产生量。农作物施肥包含氮肥、磷肥和复合肥三种类型，其中复合肥 N：P：K 按28：15：12 计，即肥料中总含 N 量＝氮肥＋复合肥量×28％，总含 P 量＝磷肥＋复合肥量×15％。固体废弃物排污系数取不同农作物秸秆粮食比与固废中氮磷含量比重乘积得到，秸秆肥料利用占比取为30.3％(赖斯芸，2004；高祥照 等，2002；全国农业技术推广服务中心，1999)。畜禽养殖类型主要分为猪、牛、羊和禽类，其中禽类养殖数量由产蛋量(按照一只鸡一年产蛋量是自身体重的 7 倍左右)推算得到。流域水产品产量以鱼类为主，养殖类型主要为鲢鱼和鳙鱼，水产养殖污染按照鲢鱼、鳙鱼养殖排污系数与水产品产量相乘计算(《第一次全国污染源普查水产养殖业污染源产排污系数手册》)。

表 3-2　新安江流域上游不同类型地表污染源排污系数

污染源类型		TN 输出系数/施肥强度	TP 输出系数/施肥强度	单位
农村生活 [1]		5.00	0.70	g/(人•d)
作物施肥 [2]	水稻	BF(03/01~07/05,31.31) AF(04/01~08/01,46.97)	BF(03/01~07/05,5.95) AF(04/01~08/01,8.93)	kg/(ha•a)
	小麦	BF(10/15,78.28) AF(01/01,78.28)	BF(10/15,29.76)	
	茶树	BF(11/01,78.28) AF(02/01,39.14;03/25, 19.57;07/15,19.57)	BF(11/01,29.76)	
农田 固废 [3-5]	水稻	5.82	0.42	10^{-3} kg/kg
	小麦	5.15	0.90	
	玉米	10.69	2.39	
	蔬菜	0.92	0.45	
	油料	45.43	3.06	
	豆类	22.23	2.24	
	薯类	1.83	0.67	
畜禽 养殖 [6-8]	猪	11.17	4.21	g/(只•d)
	牛	167.40	27.60	
	羊	19.50	6.76	
	禽类	0.20	0.11	

污染源类型		TN 输出系数/施肥强度	TP 输出系数/施肥强度	单位
水产养殖 *[9]	鲢鱼	26.10	4.45	g/kg
	鳙鱼	30.08	3.34	

注：BF 为基肥，AF 为追肥。括号中为基肥和追肥的适宜施肥时间区间（月/日）和相应施肥量。*[1]肖宇婷 等，2021；*[2] Zhai et al.，2014；*[3]赖斯芸，2004；*[4]高祥照 et al.，2002；*[5]全国农业技术推广服务中心，1999；*[6]闫铁柱 等，2009；*[7]张田 等，2012；*[8]吴珺，2013；*[9]水产养殖业污染源产排污系数手册，2011。

$$R_r = 10 \cdot P \cdot d \cdot \alpha_r \tag{3-14}$$

$$F_1 = S \cdot (\alpha_b + \alpha_a) \tag{3-15}$$

$$W_s = C_o \cdot \alpha_s \tag{3-16}$$

$$L_b = 10 \cdot \sum_{j=1}^{m} H_j \cdot d \cdot \alpha_{1j} \tag{3-17}$$

$$A_1 = \sum_{k=1}^{n} A_{ok} \cdot d \cdot \alpha_{ak} \tag{3-18}$$

其中，R_r 为农村居民污染排放量，kg/a；P 为人口数，万人；d 为天数，平年取 365 天，闰年取 366 天；α_r 为农村居民日排放系数，g/（人·d）；F_1 为肥料施用量，kg/a；S 为某种作物的种植面积，ha；α_b、α_a 分别为某种作物基肥和追肥的施肥强度，kg/（ha·a）；W_s 为固体废弃物排放量，kg/a；C_o 为某种作物的产量，10^3 kg；α_s 为固体废弃物排放系数，10^{-3} kg/kg；L_b 为畜禽养殖污染排放量，kg/a；j 为 1、2、3 或 4，分别代表畜禽养殖类型猪、牛、羊或禽类；m 代表畜禽养殖类型数目，本文取为 4；H_j（$j=1,2,3$ 或 4）为不同畜禽类型 j 的养殖规模，万头；α_{1j}（$j=1,2,3$ 或 4）为不同畜禽类型 j 的排放系数，g/（只·d）；A_1 为水产养殖排放量，kg/a；k 为 1、2，分别代表主要水产养殖类型鲢鱼或鳙鱼；n 代表水产养殖类型数目，本文取为 2；A_{ok}（$k=1,2$）为不同水产类型 k 的养殖规模，10^3 kg；α_{ak}（$k=1,2$）为不同水产类型 k 的排放系数，g/kg。

运用输出系数法统计得到的年肥料施用量，按照不同作物基肥与追肥比例、适宜施肥时间进行时间展布（Zhai et al.，2014），按照水田、旱地与茶园分布进行空间展布。除施肥以外，其他地表污染源输入均假设在每一年内每天均匀地产污。在空间上，将农村生活污染加载到农村居民所在网格，将固废与畜禽养殖污染加载到水田与旱地网格，将水产养殖加载到坑塘水域所在网格。

大气 NPSs 污染输入主要是大气干湿沉降。基于观测数据产品(贾彦龙等，2019)，利用研究区溶解性无机氮(DIN，氨氮与硝氮之和)数据和 DIN 与 TN 转换系数(Zhu et al.，2015)得到大气氮湿沉降。由于观测数据有限，1980s 和 1990s 大气氮湿沉降输入数据采用 1996—2000 年监测数据，2000s 大气氮湿沉降输入数据采用 2001—2005 年和 2006—2010 年两个时期的平均值，2010s 大气氮湿沉降输入数据采用 2011—2015 年监测数据。参考 Chen 等 (2022)的方法，将大气氮湿沉降数据等效转化为降雨氮浓度。研究区大气氮干沉降取观测数据产品(Jia et al.，2016)中颗粒态之和。由于 1980s，1990s 和 2000s 大气氮干沉降均缺少观测数据，本文采用 2006—2010 年监测数据，2010s 大气氮干沉降输入数据采用 2010—2015 年监测数据。Zhu 等(2016)研究显示研究区氮磷湿沉降之比约为 57：1，大气磷干沉降约占大气磷总沉降的 40%～75%（Hou et al.，2012）。因此，本研究采用大气氮湿沉降量的 1/57 作为大气磷湿沉降输入，并假设大气磷干沉降量占大气磷沉降总量的 58%。降雨对流域 NPSs 污染的贡献，一方面体现为大气降雨过程的影响，带来直接的污染物；另一方面是水文过程的冲刷，伴随地表过程间接带来污染物。

根据上述研究区 NPSs 年污染产生量计算与污染时空展布方法，得到研究区 NPSs 污染 TN、TP 模型输入量的时空分布(图 3-9)。1980—2019 年 NPSs 多年平均 TN 输入量为 7 970 kg/(km² · a)，大气氮沉降、氮肥、畜禽养殖与农村生活污染的贡献率分别为 46%、38%、10% 和 4%；多年平均 TP 输入量为 777 kg/(km² · a)，磷肥、畜禽养殖、大气磷沉降和农村生活污染的贡献率分别为 54%、26%、13%和 5%。多年平均 TN、TP 输入量的空间分布特征取决于土地利用类型，农田氮磷输入强度明显高于其他土地利用类型。从多年平均 TN 与 TP 输入量的逐月分布来看，3—4 月、7—8 月污染输入量显著高于其他月份。

（a）多年平均TN输入

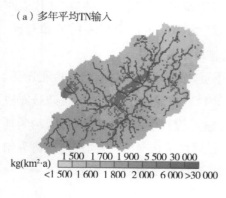

kg(km²·a)

1 500	1 700	1 900	5 500	30 000
<1 500	1 600	1 800	2 000	6 000	>30 000

（b）多年平均TP输入

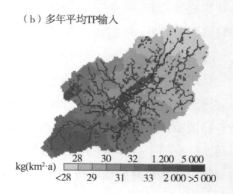

kg(km²·a)

28	30	32	1 200	5 000
<28	29	31	33	2 000	>5 000

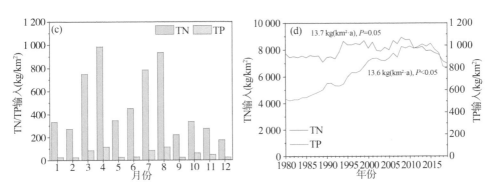

图 3-9　1980—2019 年新安江流域上游非点源污染模型输入量的时空分布

1980—2019 年研究区年 TN 输入量由 7 755 kg/km² 降低至 6 991 kg/km²，1980s 基本保持平稳，1990s 呈现波动型增长直到 2000s 达到顶峰，2010s 以来持续下降；年 TP 输入量总体呈现增长趋势，由 1980 年 522 kg/km² 增长为 2019 年 811 kg/km²，涨幅为 55.4%。

3.3　模型参数率定与模拟结果验证

分布式水文与生物地球化学过程耦合模型中，泥沙输移与营养盐迁移转化过程是降水-径流过程的伴生过程。因此，按照径流、泥沙和营养盐顺序依次进行参数率定与验证。选取屯溪与渔梁水文站（控制流域面积的 74%）作为模型率定与验证站点。考虑到上述过程变量的同期率定，且从 2003 年以后开始观测屯溪与渔梁站水质，以 2001—2010 年、2003—2010 年分别作为模型径流与泥沙、TN 与 TP 模拟的率定期，以 2011—2017 年作为模拟的验证期。径流与泥沙数据来自《中华人民共和国水文年鉴》，TN 和 TP 浓度数据来自黄山市生态环境局。

模拟效果采用纳什效率系数（NSE）、偏差百分比（PBIAS）和均方根误差与观测标准差的比率系数（RSR）进行评价（Nash and Sutcliffe，1970；Gupta et al.，1999；Legates and McCabe，1999）。NSE 作为归一化统计指标，衡量了剩余方差（噪声）与测量数据方差（信息）的相对大小，用于量化模型的预测精度，是反映水文过程整体拟合效果的最佳目标函数（Sevat and Dezetter，1991），取值在（−∞，1]，越接近 1 说明模型预测能力越好；PBIAS 作为误差指标，衡量了模拟数据偏离观测数据的平均趋势,误差越接近0说明模拟效果越精确,正值表示模型有低估偏差,反之则出现高估偏差;RSR作为归一化误差指标,采用观测值的标准差来标准化均方根误差,结合了误差指标和附加信息,既包含误差指数统计的优点,又包含归一化因子,越接近0说明模型仿真性能越好。

本文采用月尺度模拟时,NSE>0.5,RSR≤0.7,且径流、泥沙、氮磷模拟的PBIAS范围分别为|PBIAS|≤25%、|PBIAS|≤55%、|PBIAS|≤70%,作为模型模拟效果的评价标准,满足上述标准的模型的模拟效果较为可信,应予以采纳(Moriasi et al.,2007)。

$$NSE = 1 - \frac{\sum_{i=1}^{n}(Q_{si} - Q_{mi})^2}{\sum_{i=1}^{n}(Q_{si} - \overline{Q_s})^2} \tag{3-19}$$

$$PBIAS = \frac{\sum_{i=1}^{n}100(Q_{si} - Q_{mi})}{\sum_{i=1}^{n}Q_{si}} \tag{3-20}$$

$$RSR = \frac{\sqrt{\sum_{i=1}^{n}(Q_{si} - Q_{mi})^2}}{\sqrt{\sum_{i=1}^{n}(Q_{si} - \overline{Q_s})^2}} \tag{3-21}$$

其中,n为模拟数据的个数,天;Q_{si}为第i个实测值;$\overline{Q_s}$为实测值的平均值;Q_{mi}为第i个模拟值;$\overline{Q_m}$为模拟值的平均值。

3.3.1 水文参数与径流模拟结果

图3-10和图3-11给出了屯溪、渔梁站实测与模拟日径流和月径流时间序列,表3-3给出了日径流与月径流模拟在率定期和验证期的统计指标。两座站点的日径流模拟值与实测值整体吻合较好,模型精准地捕捉到各场次洪水峰值出现时间,模拟与实测基流和洪峰量值基本一致。发生较大规模洪水时,模拟与实测值偏差较大(屯溪站分别于2006年、2008年与2011年发生最大一场洪水、渔梁站于2008年发生最大一场洪水),这可能与降水数据时间精度不足有关。模型将实测日降水数据随机生成逐小时过程,可能由于雨强偏差造成误差。根

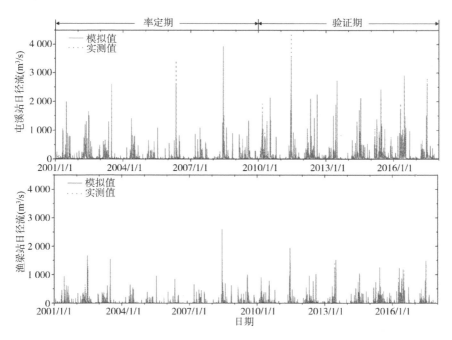

图 3-10 屯溪和渔梁站实测与模拟日径流时间序列

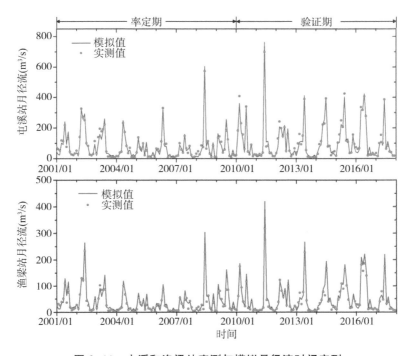

图 3-11 屯溪和渔梁站实测与模拟月径流时间序列

据月径流模拟的 NSE、PBIAS 和 RSR 三个统计指标,模型在率定期与验证期均满足模型评价标准(NSE>0.5、|PBIAS|≤25%、RSR≤0.7),表明模拟径流变化能够较好地解释实测径流的变化过程,模拟结果较为可信。两座站点在率定期和验证期的月径流模拟结果显示,NSE 在 0.89~0.97 之间,表明模型具有较好的模拟精度;PBIAS 控制在−4.44%~2.70%之间,说明模型的模拟偏差较小;RSR 控制在 0.33 以内,体现模型仿真性能较好。从日径流模拟的统计指标来看,两座站点的 PBIAS 指标与月径流模拟结果比较接近,NSE、RSR 指标与月径流模拟结果相比存在偏差,但仍属于可以接受的范围。

表 3-3　新安江流域上游 GBNP 模型水文模块主要模拟效果

站点	日径流模拟					
	率定期(2001—2010 年)			验证期(2011—2017 年)		
	NSE	PBIAS(%)	RSR	NSE	PBIAS(%)	RSR
屯溪	0.74	2.63	0.51	0.73	2.69	0.52
渔梁	0.49	−4.47	0.72	0.40	−3.77	0.77
站点	月径流模拟					
	率定期(2001—2010 年)			验证期(2011—2017 年)		
	NSE	PBIAS(%)	RSR	NSE	PBIAS(%)	RSR
屯溪	0.95	2.69	0.22	0.97	2.70	0.17
渔梁	0.89	−4.44	0.33	0.96	−3.87	0.21

基于上述模拟效果评价,模型对于径流的模拟可以接受,由此确定的水文模块主要参数率定结果如表 3-4 所示,将水文参数分为土壤、河道与其他参数三类。其中,土壤参数包含反映土壤物理属性的饱和导水率、残余含水率与饱和含水率,该参数取自 Dai 等(2013)制作的土壤水力参数集,上述参数在本研究区的取值范围分别为[0, 255] mm/h、(0, 0.1]和[0.45, 0.55];河道参数为反映河道粗糙程度与水流影响关系的曼宁糙率系数,根据水文学手册(Maidment et al., 1993)估计,研究区河道的曼宁糙率系数取值范围为[0.02, 0.07];其他参数包含反映含水层导水能力的地下水导水系数和反映地下潜水层的释水能力的地下潜水层给水度,经模型率定确定本研究区地下水导水系数的取值范围为[0.6, 7.35] mm/h,地下潜水层给水度经率定后取值为 0.1。

表 3-4　新安江流域上游 GBNP 模型水文参数率定结果

主要参数		数据来源/估算方法	取值范围
土壤	饱和导水率（表层和底层土壤）	采用 Dai 等（2013）制作的土壤水力学参数集	[0, 255] mm/h
	残余含水率		(0, 0.1)
	饱和含水率		[0.45, 0.55]
河道	曼宁糙率系数	根据水文学手册（Maidment et al., 1993）估计	[0.02, 0.07]
其他	地下水导水系数	通过模型率定得到	[0.6, 7.35] mm/h
	地下潜水层给水度		0.1

3.3.2　土壤侵蚀参数与河道泥沙模拟结果

图 3-12 给出了流域屯溪、渔梁站实测与模拟月泥沙负荷时间序列，表 3-5 给出了模型模拟效果的统计指标。模型模拟出了泥沙负荷逐月变化的主要特征，准确地捕捉到了泥沙负荷峰值出现的时间。屯溪站在 2006 年、2008 年、2011 年各年的 6 月泥沙负荷峰值模拟的误差较大，这主要是受到同期径流模拟偏差的误差传递的影响。渔梁站在 2008 年 6 月泥沙负荷模拟偏差相对较大，但径流存在高估、泥沙存在低估，这可能与泥沙数据仅 1 个月检测 1 次，观测数据本身具有不确定性有关。两座站点在率定期与验证期的 NSE 处于 0.70～0.86 之间，PBIAS 为 -24.24%～40.32%，RSR 为 0.37～0.54，均满足模型评价标准（NSE>0.5、|PBIAS|≤55%、RSR≤0.7）。尽管泥沙负荷模拟存在一定的峰值低估，但泥沙负荷模拟效果总体较好。

表 3-6 给出了 GBNP 模型土壤侵蚀模块主要参数的率定结果，将参数分为山坡侵蚀过程和河道泥沙运移参数。其中，山坡侵蚀过程参数包括表征土壤被冲蚀的难易程度的土壤侵蚀力因子，利用砂粒、粉粒、黏粒和有机碳含量的函数计算得到（Williams, 1995），其中颗粒含量数据来自世界土壤数据库（Harmonized World Soil Database），经计算得到研究区土壤侵蚀力因子取值范围为 [0.09, 0.50]；河道泥沙运移参数包括水流挟沙能力参数和河道泥沙恢复饱和系数，水流挟沙能力参数 K 和 M 根据张瑞瑾公式和经验曲线线性插值计算得到（清华大学水力学教研组，1980），研究区 K 和 M 取值范围分别为 [0.025, 0.10]、[0.74, 0.92]，河道泥沙恢复饱和系数反映了悬移质输沙时含沙量向挟沙能力靠近的恢复速度，根据韩其为和何明民（1997）的研究成果，泥沙恢复饱和系数在淤积时为 0.25、冲刷时为 1，研究区该系数率定后取值范围为 [0.25, 1]。

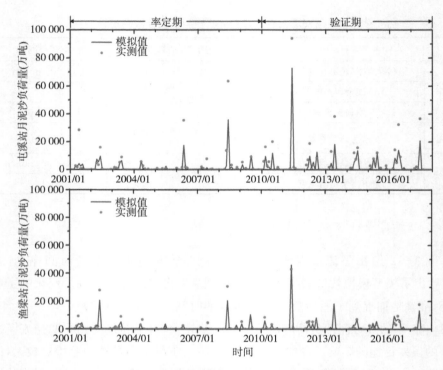

图 3-12 屯溪和渔梁站实测与模拟月泥沙负荷时间序列

表 3-5 新安江流域上游 GBNP 模型土壤侵蚀模块模拟效果

站点	月泥沙模拟					
	率定期（2001—2010 年）			验证期（2011—2017 年）		
	NSE	PBIAS(%)	RSR	NSE	PBIAS(%)	RSR
屯溪	0.70	40.32	0.54	0.86	32.74	0.37
渔梁	0.84	11.62	0.40	0.82	−24.24	0.43

表 3-6 新安江流域上游 GBNP 模型土壤侵蚀模块主要参数率定结果

主要参数		数据来源/估算方法	取值范围
山坡侵蚀过程参数	土壤侵蚀力因子	利用其与砂粒、粉粒、黏粒与有机碳含量的函数计算得到（Williams，1995）	[0.09, 0.50]
河道泥沙运移参数	水流挟沙能力参数 K	根据张瑞瑾公式和经验曲线线性插值计算得到（清华大学水力学教研组，1980）	[0.025, 0.10]
	水流挟沙能力参数 M		[0.74, 0.92]
	河道泥沙恢复饱和系数	根据韩其为和何明民（1997）的研究成果进行率定	[0.25, 1]

3.3.3 氮磷参数与河道氮磷负荷模拟结果

图 3-13、图 3-14 给出了屯溪、渔梁站实测与模拟月 TN、TP 负荷的时间序列,表 3-7 给出了模型模拟结果的统计指标。模型较为准确地模拟了 TN、TP 负荷的逐月变化过程,模拟的负荷与实测值总体上较为一致。屯溪站在 2008 年与 2011 年发生较大规模洪水以及 2013 年后一些洪水期间存在 TN 负荷低估,渔梁站在 2011 年汛期存在 TN 负荷高估,屯溪站、渔梁站 TP 负荷模拟在一些年份的洪水期间存在低估。对于模型模拟结果而言,水质的模拟是基于径流和泥沙的模拟结果模拟的,会存在一定的误差传递现象,因此营养盐的模拟是最为困难的,加上营养盐数据随时间波动较大,把 1 个月 1 次的检测数据看作月平均值也会带来一定的不确定性。从率定期月 TN 负荷来看,两座站点 NSE 分别为 0.63 和 0.75,PBIAS 分别为 -5.48% 和 -18.55%,RSR 分别为 0.61 和 0.50,模拟效果较好;从验证期月 TN 负荷来看,渔梁站表现较好,屯溪站指标较评价

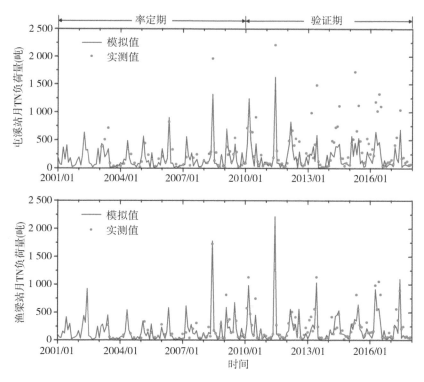

图 3-13 屯溪和渔梁站月 TN 负荷实测与模拟时间序列

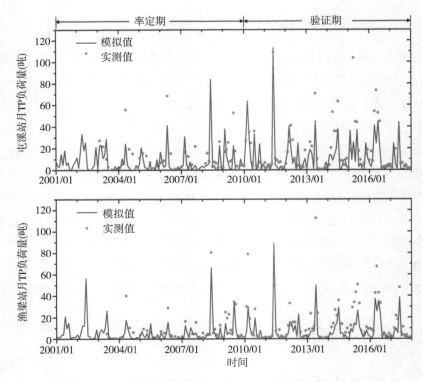

图 3-14 屯溪和渔梁站月 TP 负荷实测与模拟时间序列

表 3-7 新安江流域上游 GBNP 模型氮磷模块模拟效果

站点	月 TN 负荷模拟					
	率定期(2003—2010 年)			验证期(2011—2017 年)		
	NSE	PBIAS(%)	RSR	NSE	PBIAS(%)	RSR
屯溪	0.63	−5.48	0.61	0.45	44.57	0.74
渔梁	0.75	−18.55	0.50	0.62	17.76	0.61
站点	月 TP 负荷模拟					
	率定期(2003—2010 年)			验证期(2011—2017 年)		
	NSE	PBIAS(%)	RSR	NSE	PBIAS(%)	RSR
屯溪	0.56	16.35	0.66	0.53	33.51	0.68
渔梁	0.62	20.76	0.61	0.51	46.01	0.70

标准阈值略有偏离。率定期和验证期两座站点 TP 模拟的 NSE 为 0.51~0.62，
PBIAS 为 16.35%~46.01%，RSR 为 0.61~0.70，指标均满足评价标准

（NSE＞0.5、|PBIAS|≤70%、RSR≤0.7）。综上所述，除屯溪站验证期的月 TN 负荷模拟以外，屯溪站率定期的月 TN 负荷模块，屯溪站率定期、验证期的月 TP 负荷模拟以及渔梁站率定期、验证期月 TN、TP 负荷模拟结果均表现较好。因此，对于较难模拟的污染负荷，模型基本捕捉到了污染负荷变化过程的主要特征，模拟结果总体可信。

表 3-8 给出了模型氮磷模块主要参数率定结果，将参数分为坡面作用参数和河道污染物运移参数。其中，坡面作用参数包括反映雨水与土壤水表层作用厚度的混合层厚度，通过模型率定得到，取值范围为[0.1，0.2] m；河道污染物运移参数包含底泥释放速率、硝化系数与反硝化系数，底泥释放速率按照各级河流率定得到，取值范围为[0.0012，0.024] 1/d，硝化系数和反硝化系数参考王少丽（2008）和唐莉华（2008），并通过模型率定得到，取值范围分别为[0.02，0.83] 1/d 和[0.01，0.67] 1/d。

表 3-8　新安江流域上游 GBNP 模型氮磷模块主要参数率定结果

主要参数		估算方法	取值范围
坡面作用参数	混合层厚度	通过模型率定得到	[0.1，0.2]m
河道污染物运移参数	底泥释放速率	通过模型率定得到	[0.0012，0.024] 1/d
	硝化系数	参考王少丽（2008）和唐莉华（2008），并通过模型率定得到	[0.02，0.83] 1/d
	反硝化系数		[0.01，0.67] 1/d

3.4　本章小结

本章阐述了 GBNP 模型的结构框架与基本原理，介绍了模型输入数据来源与准备过程，构建了新安江流域上游地表、气候驱动与污染输入数据集，建立了模型水文-泥沙-水质模块参数库，构建了基于物理过程的分布式水文与生物地球化学过程耦合模型，实现了新安江流域上游径流-泥沙-氮磷负荷的长序列（径流：1970—2019 年；泥沙与氮磷：1980—2019 年）、高分辨率（1 km×1 km）动态模拟，并评估了模型对新安江流域上游河道径流、泥沙、氮磷负荷模拟的适用性，取得的主要结论如下。

（1）梳理了 GBNP 模型的结构框架，详细介绍了营养盐在坡面与河道迁移转化过程的基本原理，整合流域下垫面、气象与污染源输入多源数据，构建了

1970—2019 年气象、水文输入数据集与 1980—2019 年营养盐输入数据集。基于地表统计数据与大气监测产品,结合输出系数法与污染时空展布方法,得到了研究区 1980—2019 年 NPSs 氮磷输入量的时空变化。

多年平均非点源污染 TN 输入量为 7 970 kg/(km² · a),大气氮沉降、氮肥与畜禽养殖贡献率分别为 46%、38% 和 10%;多年平均非点源污染 TP 输入量为 777 kg/(km² · a),磷肥、畜禽养殖和大气沉降贡献率分别为 54%、26% 和 13%。1980—2019 年,非点源污染年 TN 输入量由 7 755 kg/km² 降低至 6 991 kg/km²,年 TP 输入量由 522 kg/km² 增长至 811 kg/km²。

(2) 基于 GBNP 模型,采用逐日气象、逐旬植被、逐月污染输入与 5 期动态土地利用等数据驱动模型,利用逐月径流、泥沙与氮磷负荷完成参数率定与模型验证,建立了适用于研究区的模型参数库(水文、土壤侵蚀与氮磷参数分别为 6 个、4 个和 4 个),实现了研究区径流-泥沙-氮磷负荷的长序列与精细化耦合模拟。

(3) 模型模拟结果显示,月径流 NSE[0.89,0.97],PBIAS[−4.44%,2.70%],RSR[0.17,0.33];月泥沙 NSE[0.70,0.86],PBIAS[−24.24%,40.32%],RSR[0.37,0.54];月 TN、TP 负荷除屯溪站验证期的月 TN 负荷模拟的 NSE 和 RSR 略偏离阈值外,NSE[0.51,0.75],PBIAS[−18.55%,46.01%],RSR[0.50,0.70]。模型总体满足评价标准,较好地捕捉了径流、泥沙与氮磷负荷的时空变化。

第4章

新安江流域上游氮磷负荷时空特征
及其河道水质影响

　　流域水循环是氮磷物质循环的重要基础,体现在溶解态氮磷受到产汇流过程的影响,吸附态氮磷受到伴随水循环过程产生的坡面土壤侵蚀过程的影响。分析水循环要素的时空变化有助于理解流域氮磷负荷与河道水质浓度的演变特征。本章采用第3章构建的分布式水文与生物地球化学过程耦合模型,模拟新安江流域上游1970—2019年水文情势与1980—2019年水质演变,阐释流域水循环要素与氮磷负荷的时空变化,揭示坡面氮磷负荷的影响因素,分析河道径流与氮磷浓度的变化,以及流域水量与氮磷物质平衡关系。本文所指流域污染输入量(IN)是指大气污染输入量(IN_a)和地表污染输入量(IN_1)之和,kg/a;污染入河量(IM)指坡面非点源污染入河量(IM_{np})与河道点源污染入河量(IM_p)之和,亦称为污染负荷量,kg/a;坡面污染入河系数(c_h)是IM_{np}占坡面污染输入量的比值,坡面污染输入量为IN与河道点源污染输入量的差,而河道点源污染输入量等于IM_p;河道污染滞留系数(c_r)指滞留在河道(吸附、沉降或转化)中的污染负荷量占IM的比值,滞留在河道中的负荷百分比越高,流域出口排放的污染负荷量(O)百分比越低。区域污染负荷净贡献量为区间负荷增加量,其值为正时,说明区间负荷沿程汇入量大于滞留量,表现为区间污染的"源";其值为负时,说明区间负荷沿程汇入量小于滞留量,表现为区间污染的"汇"。

$$IN = IN_a + IN_1 \qquad (4-1)$$

$$IM = IM_{np} + IM_p \qquad (4-2)$$

$$c_h = \frac{IM_{np}}{IN - IM_p} \qquad (4-3)$$

$$c_r = 1 - \frac{O}{IM} \qquad (4-4)$$

4.1　流域水循环要素的时空变化

4.1.1　水循环要素的时间变化

表 4-1 统计了 GBNP 模型模拟的研究区 1970—2019 年水循环要素的多年平均值及其年代变化。研究区多年平均降水量、实际蒸发量和径流深分别为 1 816 mm、821 mm 和 996 mm,径流系数为 0.55,产水模数为 99.6 × 10^4 m^3/km^2,是全国多年平均年产水模数(郦建强 等,2011)的 3.3 倍。1990s 是 1970—2019 年中流域水量最为丰沛的年代,降水量增加 14.4% 的同时,蒸发量和径流深分别增加了 16.9% 和 12.7%,丰水年代蒸发量变幅强于降水量变幅,而径流深变幅弱于降水量变幅;2000s 是近 50 年流域水量最枯的年代,其平均降水量和径流深分别较 50 年多年平均值偏低 11.1% 和 16.9%,蒸发量仅下降 4.1%,说明枯水年代径流深较降水量变化更为敏感,而蒸发量受到的影响相对较小。

表 4-1　1970—2019 年新安江流域上游水循环要素多年平均值及其年代变化

时间	降水量（mm）	降水量距平（%）	蒸发量（mm）	蒸发量距平（%）	径流深（mm）	径流深距平（%）
平均	1 816	—	821	—	996	—
1970s	1 768	−2.6	780	−5.0	985	−1.1
1980s	1 785	−1.7	786	−4.3	994	−0.2
1990s	2 078	+14.4	960	+16.9	1 122	+12.7
2000s	1 615	−11.1	787	−4.1	828	−16.9
2010s	1 953	+7.5	826	+0.6	1 129	+13.4

图 4-1 给出了 GBNP 模型模拟的研究区 1970—2019 年水循环要素的年时间序列。从图中可以看出,降水量与径流深变化较为一致,均呈现以 10—20 年为周期的高低起伏变化,1973 年、1983 年、1999 年、2015—2016 年为降水量/径流深局部高值点,1978 年、1985 年与 2005 年为局部低值点。

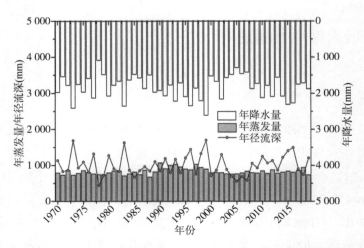

图 4-1　1970—2019 年新安江流域上游水循环要素年时间序列

图 4-2 给出了研究区 1970—2019 年水循环要素的逐月分布。可以看出,降水量与径流深的月际规律基本一致,均在 6 月达到最大;然而,降水量是 5 月大于 7 月,但径流量是 7 月大于 5 月,这主要与土壤前期含水量差异有关,经历了连续多月枯水,5 月降水能够更多地存蓄于土壤中,而经历了 5 月、6 月水量补给,尽管 7 月降水少于 5 月,其产流量仍然大于 5 月;汛期 4—7 月降水量与径流深分别占全年总值的 54.7% 和 63.6%;蒸发量表现为 5 月最大,7 月次之。

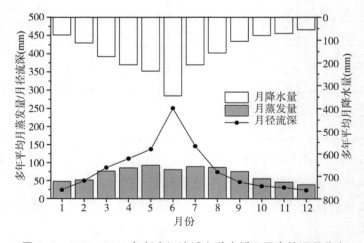

图 4-2　1970—2019 年新安江流域上游水循环要素的逐月分布

4.1.2　水循环要素的空间分布

图 4-3 给出了降水量、蒸发量与径流深的多年平均值及年值变化趋势的空间分布。多年平均年降水量整体呈现由西南部向东北部逐步降低的空间特征[图 4-3(a1)]。西南部多年平均年降水量最高达 2 020 mm,东北部多年平均年降水量最低至 1 618 mm。流域降水变化趋势整体不显著($P > 0.05$)。降水量空间变化趋势为西侧中部呈现降低趋势,最大的减少趋势为 −2.2 mm/a;而南部、东南部与东北部呈现增加趋势,南部山区增加趋势最高达 3.2 mm/a[图 4-3(a2)]。

多年平均年径流深与年降水量的空间分布特征较为一致[图 4-3(a1、c1)],体现为西南部高、东北部低,径流深处于 465~1 529 mm 之间。从径流深的变化趋势来看,按照 0.05 的显著性水平,仅南部(率水南侧)区域径流深呈现显著的增加趋势,其他区域变化趋势基本不显著。率水北部、横江干流及其支流两岸、

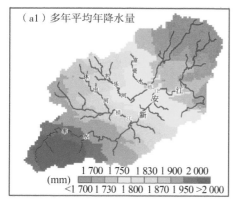

（a1）多年平均年降水量

| 1 700 | 1 750 | 1 830 | 1 900 | 2 000 |
(mm)   <1 700   1 730   1 800   1 870   1 950   >2 000

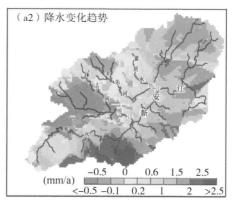

（a2）降水变化趋势

−0.5   0   0.6   1.5   2.5
(mm/a)   <−0.5   −0.1   0.2   1   2   >2.5

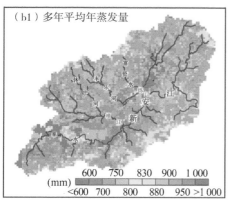

（b1）多年平均年蒸发量

600   750   830   900   1 000
(mm)   <600   700   800   880   950   >1 000

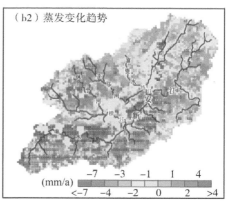

（b2）蒸发变化趋势

−7   −3   −1   1   4
(mm/a)   <−7   −4   −2   0   2   >4

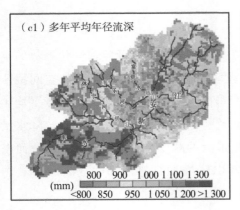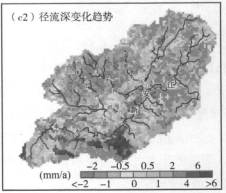

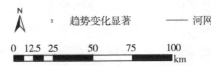

图 4-3　1970—2019 年新安江流域上游多年平均水循环要素及其变化趋势的空间分布

练江支流富资水片区、练江支流丰乐河上游片区以及新安江干流（新安江与横江、练江交汇口之间区段）径流深呈现减少趋势，最大的减小趋势为 -6.5 mm/a；其他区域基本呈现径流深增加趋势，最大的增加趋势为 14.8 mm/a。

多年平均年蒸发量与径流深均在西南侧相对较高，而对于其他区域，多年平均年蒸发量与径流深均呈现相反的分布特征，即蒸发量高的区域径流深小、蒸发量低的地区径流深大[图 4-3(b1,c1)]。最大蒸发量高达 1 565 mm，最小蒸发量为 481 mm。蒸发变化趋势范围为 -11.9 mm/a~8.5 mm/a，西部、南部以蒸发增加为主，北部、东部以蒸发减少为主。

4.2　坡面氮磷负荷的时空变化及其影响因素

4.2.1　氮磷负荷的时间变化及其影响因素

表 4-2 统计了研究区 1980—2019 年多年平均坡面土壤侵蚀量与坡面 TN、TP 负荷量及其年代平均值。研究区多年平均坡面土壤侵蚀量为 3.2×10^5 kg/(km² · a)，属于轻度侵蚀（SL190—2007）；坡面 TN、TP 负荷量分别为 3 219 kg/(km² · a) 和 293 kg/(km² · a)。根据前文测算，多年平均 NPSs 坡面

TN、TP 输入量分别为 7 970 kg/(km²・a)和 777 kg/(km²・a),分析可知坡面 TN、TP 入河系数分别为 0.40 与 0.38。坡面土壤侵蚀量、坡面 TP 负荷量的年代际变化与降水、径流深年代际变化规律较为一致,1990s 为 1980s 以来最高的年代,2000s 为相应最低的年代。然而,坡面 TN 负荷量虽在 1990s 为最高,但 2000s 量值与多年平均值相差不大(仅偏低 1.1%),表明 2000s 坡面 TN 输入增加较降雨、土壤侵蚀减少对坡面 TN 负荷影响更大。

表 4-2　1980—2019 年新安江流域上游多年及年代平均坡面土壤侵蚀量与 TN、TP 负荷量

时间	坡面土壤侵蚀量 [10⁵ kg/ (km²・a)]	侵蚀 距平(%)	坡面 TN 输入/负荷量 [kg/(km²・a)]	TN 距平 (%)	坡面 TP 输入/负荷量 [kg/(km²・a)]	TP 距平 (%)
平均	3.2	—	7 970/3 219	—	777/293	—
1980s	2.8	−12.5	7 503/2 793	−5.9/−13.2	544/289	−30.0/−1.4
1990s	4.4	37.5	8 122/3 710	+1.9/+15.3	709/336	−8.8/+14.7
2000s	2.3	−28.1	8 367/3 183	+5.0/−1.1	906/248	+16.6/−15.4
2010s	3.3	3.1	7 889/3 190	−1.0/−0.9	951/300	+22.4/+2.4

图 4-4(a)给出了研究区 1980—2019 年多年平均径流深、坡面土壤侵蚀量与坡面污染负荷量的逐月分布。坡面 TN、TP 负荷量与径流深、坡面土壤侵蚀量的月际分布较为一致。汛期 4—7 月坡面 TN 和 TP 负荷量分别占全年总量的 65.0% 和 63.2%,相应时期径流深和坡面土壤侵蚀量占全年总量的 63.9% 和 58.3%。图 4-4(b)给出了 1980—2019 年坡面氮磷负荷量的年时间序列,并结合径流深和坡面土壤侵蚀量进行分析。坡面 TN 负荷量处于 1 879 kg/km² ~ 4 824 kg/km² 之间,其年际变化较大,显著性水平为 0.05 的情况下,变化趋势不显著[8.7 kg/(km²・a)],$P > 0.05$),同样地,径流深和坡面土壤侵蚀量的变化趋势均不显著[1.3 mm/a,$P > 0.05$;−391.1 kg/(km²・a),$P > 0.05$]。相反地,坡面 TN 输入量呈现显著的上升趋势[13.7 kg/(km²・a),$P = 0.05$][图 3-9(d)]。利用年时间序列绘制的相关性散点图表明[图 4-5(a)],坡面 TN 负荷量与径流深、土壤侵蚀量和坡面 TN 输入量均显著相关($R = 0.80$,$P < 0.05$;$R = 0.77$,$P < 0.05$;$R = 0.38$,$P < 0.05$)。

1980—2019 年坡面 TP 负荷量处于 87 kg/km² ~ 694 kg/km² 之间[图 4-4(b)],但变化趋势不显著[1.1 kg/(km²・a),$P > 0.05$],尽管坡面 TP 输入量呈现显著的上升趋势[13.6 kg/(km²・a,$P < 0.05$)][图 3-9(d)]。利用年时间序列绘

制的相关性散点图表明[图 4-5(b)]，坡面 TP 负荷量与径流深、土壤侵蚀量呈现显著相关（$R=0.57$，$P<0.05$；$R=0.47$，$P<0.05$），而与坡面 TP 输入量的相关性不显著（$R=0.16$，$P>0.05$）。坡面 TP 负荷量的时间变化主要受到降雨-径流过程的影响，呈现出明显的枯水年累积效应与丰水年冲刷效应。

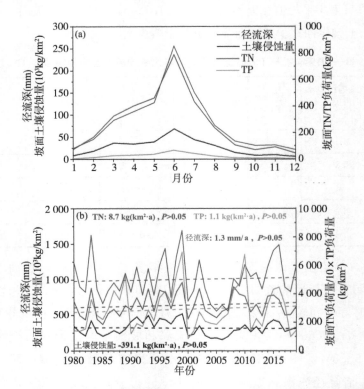

图 4-4 1980—2019 年新安江流域上游坡面径流与坡面土壤侵蚀量及 TN、TP 负荷量时间序列

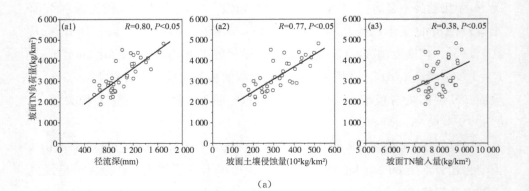

（a）

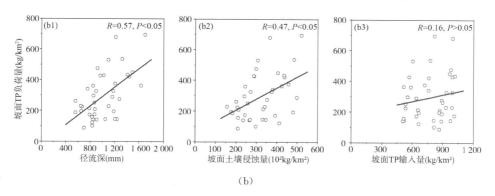

图 4-5 1980—2019 年新安江流域上游坡面 TN、TP 负荷相关量因素分析

4.2.2 氮磷负荷的空间分布及其影响因素

图 4-6 为研究区 1980—2019 年多年平均坡面土壤侵蚀量、污染负荷量及其变化趋势的空间分布。从多年平均坡面土壤侵蚀量的空间分布来看,靠近流域边界的山丘区高于流域中部平原区,最大的土壤侵蚀量为 3.5×10^6 kg/($km^2 \cdot a$)。相反地,坡面 TN 负荷量呈现中部区域高于其他区域的特征,其最高值达 8 025 kg/($km^2 \cdot a$)。结合图 1-1 土地利用类型图发现,多年平均坡面 TN 负荷强度与土地利用类型的空间分布较为一致,体现在农业用地、茶园负荷强度高,其他土地利用负荷强度相对较低,说明坡面 TN 负荷强度的空间分布主要受到农业 NPSs 污染的影响。对比多年平均坡面 TP 负荷强度与径流深的空间分布发现[图 4-3(c1)、图 4-6(c1)],二者具有较好的一致性,体现在西部、南部高,东部、北部低,最大的坡面 TP 负荷量达 2 236 kg/($km^2 \cdot a$),说明坡面 TP 负荷强度空间分布的主要影响因素是降雨—径流过程。研究区降雨对坡面氮磷负荷强度的影响体现在两个方面,一是大气降雨过程直接带来的污染物,二是地表水文过程间接带来的污染物。

坡面土壤侵蚀量的变化趋势范围为 -3.2×10^4 kg/($km^2 \cdot a$)～1.9×10^4 kg/($km^2 \cdot a$),总体呈现西南方向增加、东北方向减少的趋势分布,呈现增加、减少趋势的面积占比分别为 37.2%、62.7%,而呈现显著增加趋势的面积占比(6.0%)多于显著减少的面积占比(2.7%)。坡面 TN 负荷量变化趋势的范围为 -121 kg/($km^2 \cdot a$)～200 kg/($km^2 \cdot a$),其空间分布与土地利用分布相似,说明农业区域的人类活动在增强。坡面 TN 负荷强度呈现增加趋势的范围占流域面积的 60.6%(其中 14.2% 趋势显著),呈现增加趋势范围的 60.5% 为水田、13.1% 为林地。与此同时,坡面 TN 负荷强度呈现下降趋势的范围占流域面积的 39.4%(仅 1.4% 为显著趋势),呈现下降趋势范围的 41.1% 为林地、24.5% 为草地。坡面 TN 负荷强度发生显著增加的区域主要是农业用地(86.5% 为水田,8.0% 为旱地),显著减少的区域主要是城镇/农村居民用地(面积占比为 63.8%)。坡面 TP 负荷量的变化趋势范围为 −18 kg/(km² · a)~46 kg/(km² · a)[图 4-6(c2)]。坡面 TP 负荷量的变化趋势与坡面土壤侵蚀量的变化趋势的空间分布具有较好的一致性[图 4-6(a2,c2)]。多年平均坡面 TP 负荷强度呈现增加趋势的范围占流域面积的 70.6%,相应地,坡面 TP 负荷强度呈现减少趋势的范围占流域面积的 29.4%。仅 2.3% 的范围坡面 TP 负荷强度变化趋势显著,其中 1.0% 为增加趋势、1.3% 为减少趋势。坡面 TP 负荷强度具有显著增加和减少趋势的区域分别为农业用地和城镇/农村居民用地。

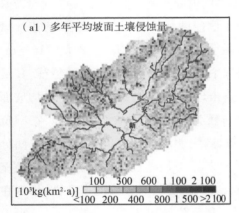

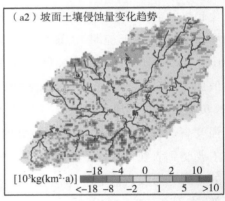

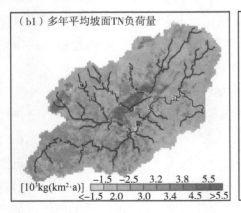

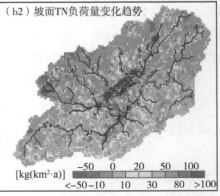

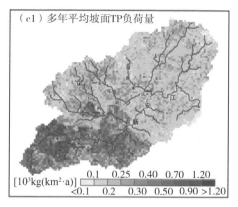

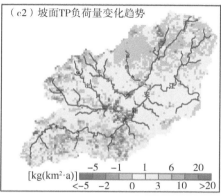

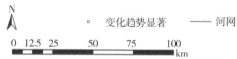

图 4-6　1980—2019 年新安江流域上游多年平均坡面土壤侵蚀量与
TN、TP 负荷量及其变化趋势的空间分布

基于子流域尺度的坡面氮磷负荷影响因素分析有助于进一步掌握坡面产污机制(Strokal et al.，2016)。研究区可划分为 77 个子流域，将网格尺度 TN、TP 负荷量按照子流域进行统计，得到多年平均子流域 TN、TP 负荷量分布图，如图 4-7 所示。

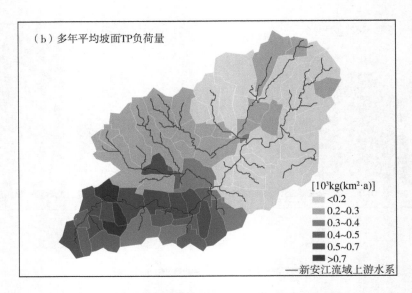

**图 4-7　基于 77 个子流域的 1980—2019 年新安江流域上游多年
平均坡面 TN、TP 负荷量的分布图**

　　本研究考虑了地形、水文、泥沙与污染源四类影响坡面污染负荷的主要方面,选取坡度、径流深、坡面土壤侵蚀量与污染输入量作为潜在影响因素,分析子流域尺度上述 4 个因素与坡面污染负荷量的相关关系(图 4-8)。坡面 TN 负荷量与坡面 TN 输入量和径流深呈现显著正相关($R=0.64$,$P<0.05$;$R=0.30$,$P<0.05$),与坡度呈现显著负相关($R=-0.32$,$P<0.05$)。子流域尺度坡面 TN 负荷特征与网格尺度具有一致性,高负荷出现在高输入和低坡度的农田区域。与此同时,坡面 TP 负荷量与径流深、坡面土壤侵蚀量呈现显著正相关($R=0.72$,$P<0.05$;$R=0.29$,$P<0.05$)。同样地,子流域尺度坡面 TP 负荷特征与网格尺度相一致,体现在坡面 TP 负荷主要受到径流影响。

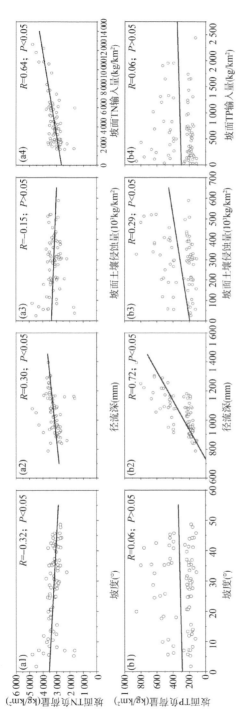

图 4-8　基于 77 个子流域的 1980—2019 年新安江流域上游多年平均坡面 TN、TP 负荷量相关因素分析

4.2.3　不同土地利用类型的氮磷负荷特征

不同土地利用类型的人类活动表现不同,通常具有不同的坡面产污规律(Kalyanapu,2010;You et al.,2011;Wang et al.,2018)。依据上节分析可知,新安江流域上游坡面污染负荷分布与土地利用类型分布相关性很大。因此,本节基于研究区坡面污染负荷强度空间分布结果,统计分析除水体以外的其他8 种土地利用类型的土壤侵蚀量与坡面污染负荷量的主要特征。

（1）土壤侵蚀特征

不同土地利用类型的多年平均坡面土壤侵蚀强度由大到小依次为:草地＞林地＞旱地＞灌木＞茶园＞水田＞农村居民＞城镇居民。草地和林地坡面土壤侵蚀量分别达到 3.8×10^5 kg/km² 和 3.6×10^5 kg/km²,进一步分析发现,这与上述两种土地利用地块的坡度较高有关,草地、林地所在网格平均坡度为 $39.3°$、$33.4°$,而流域平均坡度为 $30.8°$;农村居民与城镇居民用地坡面土壤侵蚀量最低,分别为 1.1×10^5 kg/km²、4.9×10^4 kg/km²。各个年代坡面土壤侵蚀强度差异显著,体现在 1990s 最大、2000s 最小,这与降水的年代变化关系显著;年代间不同土地利用的坡面土壤侵蚀强度的大小排序有所不同,如 1990s 林地较草地更大,茶园较灌木更大,而 2000s 则排序相反(图 4-9)。

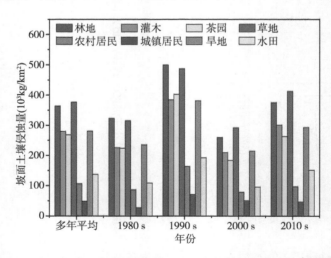

图 4-9　1980—2019 年新安江流域上游不同土地利用类型的坡面土壤侵蚀量特征

（2）坡面 TN 污染负荷特征

不同土地利用类型的多年平均坡面 TN 负荷强度排序由大到小依次为水田＞农村居民＞旱地＞茶园＞林地＞灌木＞草地＞城镇居民。水田和城镇居民的多年平均坡面 TN 负荷量分别为 4.0×10^3 kg/km²、1.7×10^3 kg/km²。年代间不同土地利用类型坡面 TN 负荷强度排序基本一致,仅 1980s 茶园排序较林地靠后、水田排序较农村居民靠后,这可能与此年代施肥量较小有关(图 4-10)。

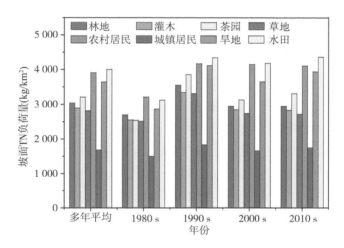

图 4-10　1980—2019 年新安江流域上游不同土地利用类型坡面 TN 负荷量特征

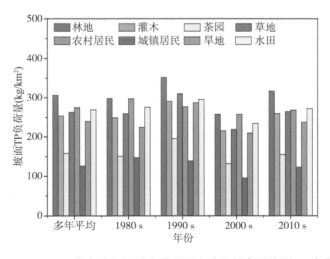

图 4-11　1980—2019 年新安江流域上游不同土地利用类型坡面 TP 负荷量特征

（3）坡面 TP 污染负荷特征

不同土地利用类型的多年平均坡面 TP 负荷强度排序由大到小依次为林地＞农村居民＞水田＞草地＞灌木＞旱地＞茶园＞城镇居民。林地、农村居民、水田、草地、灌木、旱地之间的多年平均坡面 TP 负荷量差距不大，处于 $2.4 \times 10^2 \sim 3.1 \times 10^2$ kg/km^2 范围；而茶园和城镇居民明显较小，分别为 1.6×10^2 kg/km^2 和 1.3×10^2 kg/km^2。各年代林地坡面 TP 负荷强度均为最大，相应的城镇居民坡面 TP 负荷强度均为最小（图 4-11）。

4.2.4　不同污染源对总氮负荷的影响程度

2011—2019 年观测数据与 1980—2019 年模拟数据均揭示了研究区 TN 浓度年际变异性较强且在冬、春季超过 1.0 mg/L 情况时有发生。为了保障新安江流域稳定供给优质水源，有必要进一步分析流域坡面 TN 负荷的主要来源。

许多研究估计了研究区的 NPSs 污染，然而与这些研究相比，本研究的坡面 TN 负荷明显高于其他研究，是 Wang 等（2012b）2010 年计算结果（937 kg/km^2）的 4 倍以上，是 Wang 等（2016）2001—2010 年多年平均结果[1 160 kg/(km^2·a)]的 3 倍以上。进一步分析发现，上述研究中均忽视或简化了已经被证实的重要污染来源于大气沉降污染。因此，本节以 2000—2009 年数据为例，通过开展不同情景的数值试验，定量分析研究区大气氮沉降对流域坡面污染负荷量及其对河道水质的影响。数值试验分为 3 种情景，坡面污染输入量：（C1）仅考虑人为地表输入量（包括农村生活、农田施肥与固废、畜禽与水产养殖等），（C2）仅考虑大气输入量（即大气干湿沉降），（C3）同时考虑地表和大气的污染输入。

模拟结果表明：C1 情景下研究区 2000—2009 年多年平均坡面 TN 负荷量为 1 266 kg/(km^2·a)，坡面 TN 负荷强度与土地利用类型的空间分布较为一致[图 4-12(a)，图 1-1]，呈现出农田区域高于其他区域的特征，街口站多年平均 TN 浓度超过 1.0 mg/L 的天数为 5 d/a；C2 情景下多年平均坡面 TN 负荷量为 2 250 kg/(km^2·a)，其在空间上分布较为均匀[图 4-12(b)]；C3 情景多年平均坡面 TN 负荷量增加至 3 122 kg/(km^2·a)，坡面 TN 负荷强度在空间分布上表现为 C1 和 C2 情景的叠加效应[图 4-12(c)]，相比于 C1 情景增加了 C2 情景的整体背景值，相比于 C2 情景下吸取了 C1 情景的空间分布特征，然而由于污染从大气与地表输入至入河过程的非线性，C3 情景的负荷强度并不等同于 C1 和 C2 情景负荷强度的简单叠加，C3 情景街口站多年平均 TN 浓度超过 1.0 mg/L

的天数为 15 d/a。将仅存在土壤背景值的坡面 TN 负荷量作为初始值,大气氮沉降对流域坡面 TN 负荷的贡献率为 65%～71%,这可能是 2010s 以来地表 TN 输入量明显减少背景下流域出口 TN 浓度并未显著降低的主要原因。

我国其他流域的相关研究也得出了与本研究关于大气沉降的类似结论。张峰(2011)揭示中国东南沿海区域长乐江流域大气氮沉降对流域 TN 负荷的贡献接近 50%;Ma 等(2011)指出湖北省三峡库区 1995—2007 年大气沉降对河道 TN 负荷的贡献率达 53%;Chen 等(2022)报道了三峡库区大气沉降显著影响了河道水质。然而,在 Chen 等(2022)的研究中,大气沉降对河道 TN 负荷的贡献率仅为 13%,显著低于本研究大气氮沉降的贡献率,这可能是由于本研究中研究区人为地表输入的污染量较小,且流域周边环绕的上海、杭州、南京等大城市带来了大气污染,二者共同导致研究区 TN 负荷中大气氮沉降污染的贡献率较高。

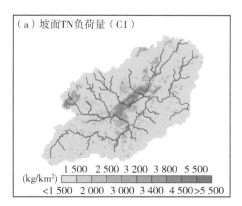

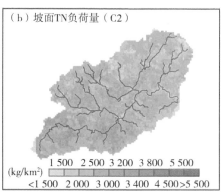

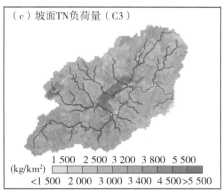

图 4-12　不同试验情景下 2000—2009 年新安江流域上游多年平均坡面 TN 负荷量空间分布

4.3 河道径流与氮磷浓度的变化分析

4.3.1 河道径流与氮磷浓度的时间变化特征

1980—2019 年新安江流域上游出口（街口站）多年平均年入库水资源量为 59.8 亿 m^3，泥沙浓度为 0.10 kg/m^3，TN、TP 浓度分别为 0.45 mg/L、0.029 mg/L，即流域年入库 TN、TP 负荷量分别为 $2.7×10^6$ kg 和 $1.7×10^5$ kg。结合 TN、TP 入河量（包括坡面入河和河道直排入河），计算得到 TN、TP 河道滞留系数分别为 0.86 和 0.89。图 4-13 绘制了街口站 1980—2019 年多年平均河道水质的逐月分布，TN 浓度处于 0.14～1.14 mg/L 之间，TP 浓度处于 0.01～0.07 mg/L 之间。TN 浓度最大值在 2 月和 3 月超过了饮用水源地功能水域 TN 浓度的规定（GB 3838—2002 Ⅲ类阈值为 1 mg/L）。TN 浓度总体表现为汛

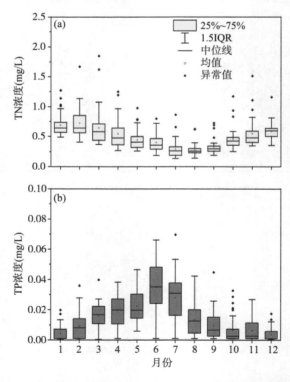

图 4-13　1980—2019 年新安江流域上游出口（街口站）多年平均河道水质逐月分布

期低、非汛期高,说明径流增加的对 TN 浓度的稀释作用超过了汛期 NPSs 污染带来的浓度抬升作用。相反地,TP 浓度在汛期高于非汛期,说明研究区 TP 浓度受降雨-径流过程控制。以上研究揭示了研究区径流对氮磷浓度具有不同的作用机制。流量增加对 TN 浓度的稀释作用更强,而对 TP 浓度的抬升作用更强。

图 4-14 给出了街口站 1980—2019 年水量与水质的年时间序列数据。径流量、泥沙浓度、TN 浓度与 TP 浓度均呈现不显著的上升趋势。年平均 TN 浓度处于 0.33～0.90 mg/L,在 2007 年出现极大值,根据分析可知当年径流量、泥沙浓度明显偏低,该极值的出现主要是在点源污染影响下,叠加径流量连续偏枯,造成 TN 浓度较高。TP 浓度处于 0.017～0.048 mg/L,在 1996 年出现最大值,主要由于年降雨与径流较高,且当年遭遇了罕见的大暴雨。

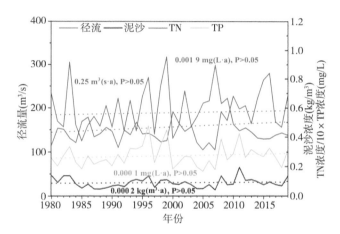

图 4-14　1980—2019 年新安江流域上游出口(街口站)水量与水质年时间序列

图 4-15 绘制了街口站年代际平均水量与水质的分布。2010s 径流量相对最大,年代平均径流量约为 211.5 m³/s,2000s 径流量最小,年代平均径流量仅为 151.3 m³/s。泥沙和 TP 浓度较高的年代发生在年径流较大的 1990s 和 2010s,相应的 TN 浓度较高的年代发生在径流最小的 2000s,体现径流对 TN 与 TP 浓度不同的作用效果,TN 浓度受径流增大的稀释作用更大,而 TP 浓度受径流增大的侵蚀作用影响更大。从 1980—2019 年间年代平均浓度来看,TN 浓度处于 0.41～0.58 mg/L(Ⅱ-Ⅲ类)之间,TP 浓度处在 0.025～0.034 mg/L 之间(Ⅱ类)。

更进一步地,图 4-16、图 4-17 基于子流域尺度分析了研究区河道水质变化。新安江流域 77 个子流域出口在 1980—2019 年间年平均河道 TN、TP 浓度分别处于 $0.31 \sim 6.42$ mg/L、$0.000\ 3 \sim 0.36$ mg/L,河道水质浓度年际变化较大,且各个子流域间水质浓度差别较大,通常同一年中水质浓度中位数越大,流域间差异越明显。

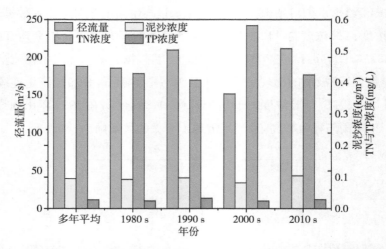

图 4-15　1980—2019 年新安江流域上游出口(街口站)多年及年代平均水量与水质分布

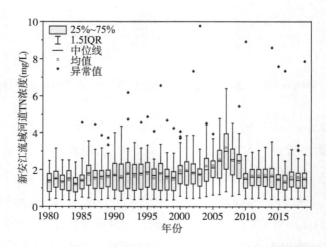

图 4-16　1980—2019 年新安江流域上游子流域出口年平均 TN 浓度箱型图

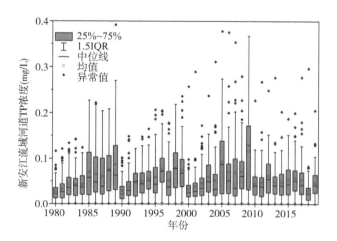

图 4-17　1980—2019 年新安江流域上游子流域出口年平均 TP 浓度箱型图

4.3.2　水文过程对流域出口河道水质的影响

为进一步厘清河道 TN 浓度的影响因素,本节以年均 TN 浓度最大的 2007 年为研究对象(图 4-14),基于日径流与日 TN 浓度数据,分析了水文过程对河道 TN 浓度的影响。从图 4-18(a1)中可以看出,尽管 TN 浓度伴随着洪水事件呈现局部极值,在洪水稀释作用影响下,汛期 TN 浓度仍然高于非汛期。逐日径流量与 TN 浓度在汛期场次洪水过程中呈现明显的绳套曲线特征(TN 浓度与径流量存在滞回关系)[图 4-18(a2)],TN 浓度具有明显的累积-冲刷效应。由于降雨前营养盐的累积效应,在降雨初期冲刷作用下 TN 浓度显著升高(如 3/14—3/15,4/22—4/23,5/31—6/1);而随着降雨的持续,后期 TN 浓度迅速降低(如 3/16,4/24,6/2),类似的径流量与 TN 浓度绳套曲线也出现在了长江上游沱江流域(Wang et al.,2020a)。街口站 TN 负荷主要在 3 场大洪水期间产生,3 场洪水事件对 TN 负荷的贡献率为 55.5%,说明水文过程控制了 TN 负荷的产生。与此同时,TP 浓度在汛期高于非汛期[图 4-18(b1)]。与 TN 浓度表现不同,TP 浓度与径流量不存在滞回关系,而是在一年中呈现单一正相关关系($R^2=0.97$)[图 4-18(b2)],且 TP 浓度增长率随着径流量增加而降低。3 场洪水事件对 TP 负荷量的贡献占全年 TP 负荷量的 50.0%。

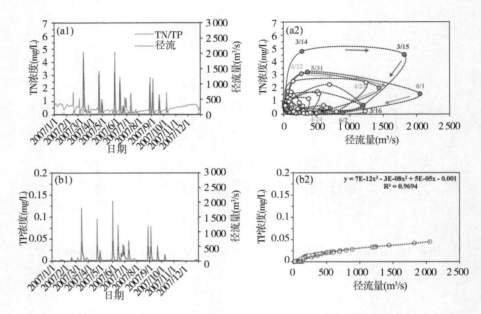

图 4-18　2007 年新安江流域上游出口(街口站)日径流与 TN 浓度关系分析

4.4　流域水量与氮磷物质平衡关系分析

4.4.1　流域水量与氮磷物质总体平衡关系

本研究根据统计分析与模型模拟结果,分析了流域尺度上从大气与地表输入、坡面入河到流域出口氮磷通量的物质平衡关系(图 4-19)。研究区 1980—2019 年多年平均大气年降水输入量为 107.0 亿 m³,流域出口输出年径流量为 59.8 亿 m³。大气年 TN、TP 输入量分别为 2.01 万吨和 0.06 万吨,地表年 TN、TP 输入量分别为 2.51 万吨和 0.39 万吨;坡面 NPSs 污染年 TN、TP 入河量分别为 1.84 万吨和 0.17 万吨;河道点源污染年 TN、TP 入河量分别为 0.01 万吨和 0.000 8 万吨;最后,流域出口流出的年 TN 和 TP 负荷分别为 0.27 万吨和 0.02 万吨。因此,研究区河道 TN 和 TP 滞留系数分别为 0.86 和 0.89。

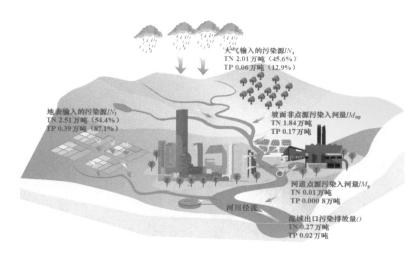

大气输入的污染源IN_s
TN 2.01 万吨（45.6%）
TP 0.06 万吨（12.9%）

地表输入的污染源IN_l
TN 2.51 万吨（54.4%）
TP 0.39 万吨（87.1%）

坡面非点源污染入河量IM_{np}
TN 1.84 万吨
TP 0.17 万吨

河道点源污染入河量IM_p
TN 0.01 万吨
TP 0.000 8 万吨

河川径流

流域出口污染排放量O
TN 0.27 万吨
TP 0.02 万吨

图 4-19　1980—2019 年新安江流域上游多年平均年水量与氮磷物质平衡关系

4.4.2　流域不同区间径流与氮磷负荷的分布特征

为分析新安江干流沿程径流与水质的变化，以新安江主源率水及其与横江、练江等 4 个主要支流交汇处的 5 个重要断面作为新安江干流沿程不同汇流区间的划分依据（断面之间的汇流面积即不同的汇流区间），分析研究区不同区间河道径流与氮磷负荷的分布特征（图 4-20）。分析 1980—2019 年多年平均逐月各区间 TN 与 TP 负荷净贡献量热力图及相应统计表格发现（图 4-21、表 4-3、表 4-4），区间 2 横江汇流区和区间 3 练江汇流区是径流的主要源区，其径流贡献率分别为 31.6% 和 35.0%；区间 1 率水汇流区和区间 3 练江汇流区是 TN 负荷的主要源区，其负荷净贡献量分别为 1 034.7 t 和 1 596.6 t；TP 负荷净贡献量较大的 2 个区间依次是区间 3 和区间 1，其贡献值分别为 116.3 t 和 73.1 t。TN 和 TP 负荷净贡献量较大的区间 1 和区间 3，其 6 月的贡献均在全年最大；流域出口径流量最大的 4 个月为汛期 4—7 月，约占年径流量的 63.9%；TN 负荷最大的 4 个月为 3—6 月，约占全年 TN 负荷的 60.4%；TP 负荷最大的 4 个月为 4—7 月，约占全年 TN 负荷的 79.3%。

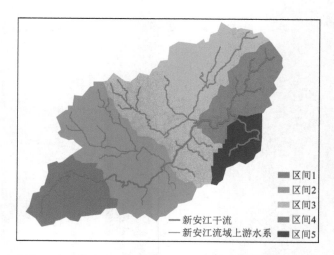

图 4-20   新安江干流上游-下游沿程各汇流区间分布图

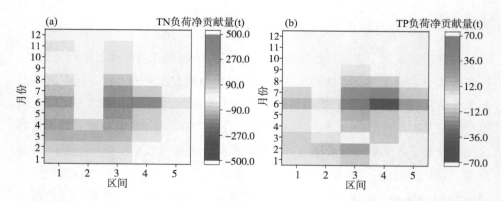

图 4-21   1980—2019 年新安江流域上游不同区间 TN 与 TP 负荷净贡献量热力图

表 4-3   1980—2019 年新安江流域上游不同区间径流与氮磷负荷贡献量分析

指标	区间				
	1	2	3	4	5
区间径流贡献量(m³/s)	29.2	59.9	66.3	19.7	14.3
区间 TN 负荷净贡献量(t)	1 034.7	445.3	1 596.6	−468.5	90.5
区间 TP 负荷净贡献量(t)	73.1	41.4	116.3	−116.2	58.1

表 4-4　1980—2019 年新安江流域上游出口(街口站)不同月份径流与氮磷负荷分析

指标	月份											
	1	2	3	4	5	6	7	8	9	10	11	12
径流(m³/s)	55	101	200	244	280	572	356	171	101	69	75	50
TN 负荷(t)	104	190	351	340	334	606	273	127	90	94	114	78
TP 负荷(t)	1.2	4.0	11.2	16.2	20.4	65.1	35.3	9.9	3.8	2.4	2.4	0.9

4.5　本章小结

基于新安江流域上游分布式水文与生物地球化学过程耦合模型的模拟结果,分析了 1970—2019 年流域水循环要素的分布及其时空变化,以及 1980—2019 年土壤侵蚀与氮磷负荷的时空演变特征及其影响因素,量化了大气沉降对新安江流域上游河道 TN 负荷的贡献程度,揭示了流域水量与氮磷物质平衡关系,取得主要结论如下。

(1) 1970—2019 年研究区多年平均降水量、实体蒸发量和径流深分别为 1 816 mm、821 mm 和 996 mm,径流系数为 0.55;汛期降水量与径流深分别占全年总值的 54.7% 和 63.6%;流域降水变化趋势整体不显著($P>0.05$),降水量空间变化趋势为西侧中部呈现降低趋势,而南部、东南部与东北部呈现增加趋势;多年平均年径流深与年降水量的空间分布较为一致。

(2) 1980—2019 年多年平均 TN、TP 负荷量分别为 3 219 kg/(km²·a)和 293 kg/(km²·a),坡面污染入河系数分别为 0.40 和 0.38;汛期坡面 TN 与 TP 负荷量分别占年污染负荷量的 65.0% 和 63.2%;坡面 TN 负荷强度的年际变化受径流、土壤侵蚀与污染输入的共同影响,TP 负荷强度的年际变化主要受降雨—径流过程控制;坡面 TN 负荷强度与土地利用的空间分布相一致,坡面 TP 负荷强度与径流的空间分布相一致。基于 2000—2009 年模型数值试验结果,大气沉降污染贡献了 65%～71% 的流域坡面 TN 负荷入河量;不考虑大气沉降污染,TN 负荷量将由 3 122 kg/(km²·a)降低至 1 266 kg/(km²·a),街口站 TN 浓度高于 1.0 mg/L 的平均天数由 15 d/a 降低至 5 d/a。

(3) 1980—2019 年,流域上游出口站逐月河道 TN 与 TP 浓度分别为 0.14～1.14 mg/L 和 0.01～0.07 mg/L 之间;TN 浓度在非汛期高于汛期,TP

浓度则相反;逐日径流量与 TN 浓度在汛期场次洪水过程中具有明显的绳套曲线特征,洪水期间呈现氮素的累积与冲刷效应;TP 浓度与径流量在一年中呈现正相关关系($R^2 = 0.97$),TP 浓度增长率随着径流量增加而降低。以上研究揭示了研究区径流对氮磷浓度具有不同的作用机制。

(4) 1980—2019 年,流域大气年 TN、TP 输入量分别为 2.01 万吨和 0.06 万吨,地表年 TN、TP 输入量分别为 2.51 万吨和 0.39 万吨;坡面 NPSs 污染年 TN、TP 入河量分别为 1.84 万吨和 0.17 万吨;河道点源污染年 TN、TP 入河量分别为 0.01 万吨和 0.000 8 万吨;流域出口流出的年 TN 和 TP 负荷分别为 0.27 万吨和 0.02 万吨,流域河道 TN、TP 滞留系数分别为 0.86 和 0.89。流域 TN 和 TP 负荷的主要源区均为率水与练江汇流区。

第 5 章

未来变化情景下新安江流域上游
径流与水质预估

　　未来径流与水质的预估是水资源开发、利用与保护的前提。预估新安江流域上游未来径流与水质首先要研究一套匹配共享社会经济路径的气候、土地利用与污染源变化综合情景,然后基于综合变化情景来预估未来的水资源与水环境。本章选取 MRI-ESM2-0、EC-Earth3、CanESM5、CNRM-CM6-1 四种气候模式预估新安江流域上游未来气候变化(表 5-1),选用 MRI-ESM2-0 模式中大气干湿沉降数据预估新安江流域上游未来大气沉降量;在未来发展情景方面最为常用的 3 种组合,分别为 SSP1－2.6 W/m²、SSP2－4.5 W/m² 和 SSP5－8.5 W/m²,分别简写为 SSP1－2.6、SSP2－4.5 和 SSP5－8.5;基于 CMIP6 提供的全球尺度气候、土地利用与社会经济发展的预估成果,研究适用于新安江流域上游的匹配共享社会经济路径的气候-土地利用-污染源的综合情景;利用第 3 章构建的分布式水文与生物地球化学过程耦合模型,预估未来 50 年(2021—2070 年)新安江流域上游径流与水质的变化。采用 4 种气候模式模拟结果的集合(均值±均方根误差所包络的范围)来表征新安江流域上游未来环境变化的预估结果。

表 5-1　本章遴选的四种 GCM 的基本信息

序号	模式名称	国家	分辨率
1	MRI-ESM2-0	日本	1.1°×1.1°
2	EC-Earth3	英国	0.7°×0.7°

序号	模式名称	国家	分辨率
3	CanESM5	加拿大	2.8°×2.8°
4	CNRM-CM6-1	法国	1.0°×1.0°

5.1　未来气候及大气沉降情景

5.1.1　未来气候情景

采用降雨、日平均气温、日最高气温和日最低气温四个主要气象因子表征未来气候变化。由于 GCM 输出的气象预测数据空间分辨率通常较低,在应用于新安江流域上游时需进行偏差校正与空间降尺度,具体技术路线图如图 5-1 所示。利用实测气候数据的累积频率曲线对模型模拟值的累积频率曲线进行纠偏,使其与历史实测数据的累积频率曲线保持一致(高冰,2012)。由于未来气候要素变化可能会超出历史数据区间范畴,在未来数据预测前,先将模拟气温减去相对于模拟历史气温的增量,序列校正后再重新将其与增量相加;将模拟降水除

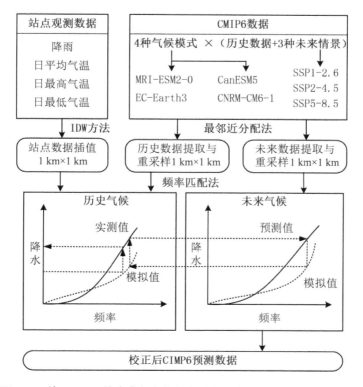

图 5-1　基于 GCM 的未来气象数据偏差校正与空间降尺度技术路线图

以相对历史降水获得的比值,同样地进行校正后再重新与这个比值相乘。未来气候情景数据分析表明(图 5-2),相较于 1970—2019 年的多年平均值,研究区未来 SSP1-2.6、SSP2-4.5 和 SSP5-8.5 情景 2021—2070 年多年平均的年均气温升高 0.79~1.34 ℃/a,年降雨量增加 4.8%~7.9%。

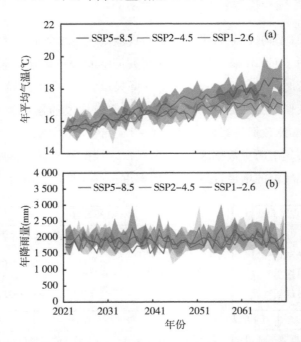

图 5-2　2021—2070 年新安江流域上游多年平均的年均气温与年降雨量时间序列

5.1.2　未来大气沉降情景

基于 MRI-ESM2-0 模式提供的历史时期和未来不同 SSPs 情景下大气干、湿氮氧化物沉降数据,利用 2010—2015 年同期的该模式数据(研究区所在网格的平均值)和研究区 TN 沉降实测数据计算大气氮氧化物与 TN 沉降的折算系数,假设该折算系数在未来保持不变,得到未来不同 SSPs 情景下研究区大气 TN 干、湿沉降量。研究区 SSP1-2.6、SSP2-4.5 情景下 2021—2070 年大气 TN 沉降量持续下降,分别从 2021 年的 27 kg/ha、29 kg/ha 下降到 2070 年的 6 kg/ha 和 9 kg/ha;SSP5-8.5 情景下大气 TN 沉降量在 2020s—2040s 总体处于波动性变化,直到 2050s 开始出现持续下降,2021—2050 年保持在 27~33 kg/ha,到 2070 年下降至 19 kg/ha。Whitehead 等(2015)在恒河流域进行未来水质预测时，假设大气 TN 沉降在可持续（more sustainable）、正常（business as usual）和不可持续（less sustainable）3 种情景中，分别按照 6 kg/（ha·a）、8 kg/（ha·a）和 10 kg/（ha·a）来设置。将本研究与上述恒河流域研究在不同情景下大气 TN 沉降预测值相对比，本研究 SSP1-2.6 情景下 2070 年大气 TN 沉降量与恒河流域研究的可持续情景相一致，SSP2-4.5 情景下 2070 年大气 TN 沉降量与恒河流域研究的正常情景类似，SSP5-8.5 情景下 2070 年大气 TN 沉降量高于恒河流域研究的不可持续情景。

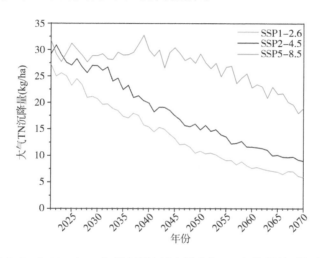

图 5-3　2021—2070 年新安江流域上游大气 TN 沉降量的时间变化

5.2　未来土地利用及地表污染源情景

5.2.1　土地利用情景

虽然 CMIP6 中研究了与气候变化情景相统一的土地利用变化情景，得到了全球 1850—2100 年逐年 0.25°分辨率土地利用状态图和类型转移图，然而新安江流域上游作为中国长三角重要水源地，其发展定位具有一定的特殊性，在利用全球尺度土地利用状态图和类型转移图进行预测时难以反映小流域自身发展定位的特点。Liao 等（2020）在 *Science Bulletin* 上发布了基于 LUH2 数据集和土地利用模拟模型（FLUS）制作的 1 km 分辨率的中国未来（2015—2100 年）土地利用数据产品;Luo 等(2022)在 *Scientific Data* 上发布了基于全球变化分析模型(GCAM)和未来土地利用模拟(FLUS)模型融合方法制作的 1 km 分辨率的中国未来(2020—2100 年)土地利用/覆被数据产品。本研究评估分析了上述两款产品在研究区的适用性,研究发现每款产品在不同 SSPs 之间差距不大,下文以 SSP1 情景为例,对比分析 2018 年遥感解译数据(IGSNRR)与 2020 年两款数据产品间的差异,并分别分析两款产品 2020—2070 年变化的总体趋势。为了方便对比分析,本研究将 2018 年遥感解译土地利用数据重采样至 1 km×1 km,土地利用重分类为林地/灌木、草地、旱地/水田/茶园、城镇居民/农村居民和水体5 种类型,以分别对应 Liao 等(2020)发布产品的林地、草地、农田、城市和水体,以及 Luo 等(2022)发布产品的林地/灌木、草地、农田、城市和水体。

图 5-4(a)为 IGSNRR 提供的 2018 年遥感解译产品,研究区土地利用类型以林地/灌木、旱地/水田/茶园和城镇居民/农村居民 3 类为主;图 5-4(b1)、(b2)为 Liao 等(2020)预测产品在 2020 年和 2070 年的土地利用图,对比发现该预测产品 2020 年预测土地利用的分布与遥感解译产品偏差较大,仅捕捉到了较为集中连片的农田和城镇区域,无法反映相对分散的农田和城镇区域,而根据2070 年相应预测数据,未来研究区 2020 年的城镇基本保留,而农田几近消失,基于我国 2013 年提出"坚守 18 亿亩耕地红线"的政策背景,初步判断流域内农田消失的可能性极低;图 5-4(c1)、(c2)为 Luo 等(2022)预测产品在 2020 年和2070 年的土地利用分布图,与 Liao 等(2020)的预测相反,该套产品显著高估了区域内的农田范围,且结合地形地貌综合分析发现该产品预估的 2070 年土地利用情景发生的可能性很小。

综上判断,需要研究基于历史土地利用变化与未来社会经济发展情景的适用于研究区的土地利用预测方法,并得到未来不同 SSPs 情景下的土地利用分布。根据第 2 章关于历史土地利用变化规律的分析可知,2000 年以来研究区土地利用变化主要是水田、旱地、农村居民用地转化为城镇居民用地,以及水田、旱地与农村居民用地间的相互转化。影响研究区未来土地开发利用最为直接的因素是人口和城镇化率。因此,考虑通过建立未来土地利用变化与人口、城镇化率变化的关系来预测未来土地利用。

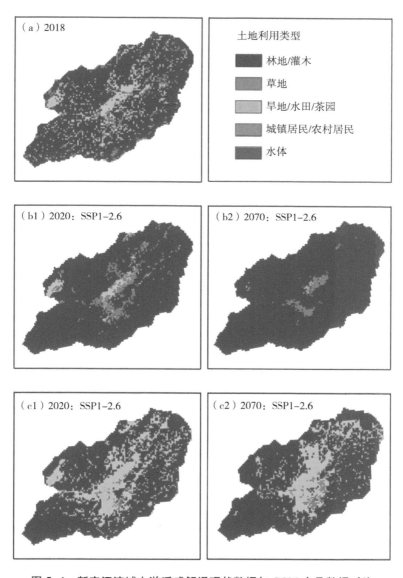

图 5-4　新安江流域上游遥感解译现状数据与 GCM 产品数据对比

　　姜彤等(2017)基于中国人口数据,采用人口-发展-环境分析模型,通过率定与 SSPs 相关的模型参数,预估了 2010—2100 年中国各省市人口和城镇化率,空间分辨率为 0.5°。本研究采用"全面二孩"政策背景下的预估结果,利用 MAT-LAB 软件提取研究区所在网格数据,按照网格人口密度与流域面积计算流域城市和农村人口数量,并利用统计年鉴数据计算修正系数来修正未来人口预测数据,城镇化率采用类似修正方法。3 种 SSPs 路径下研究区 2021—2070 年人口预估结果如图 5-5 所示。SSP1、SSP2 与 SSP5 情景下人口均呈现下降趋势,SSP2 维持了当前社会经济发展趋势,因此其人口与现状人口差距不大,SSP1、SSP5 均处于低生育率、低死亡率发展模式,且 SSP5 拥有较高的迁移率,因此 SSP5 人口较 SSP1 更少;SSP2 城镇化率上升最慢,SSP5 城镇化率上升最快,SSP1 城镇化率上升幅度居中。

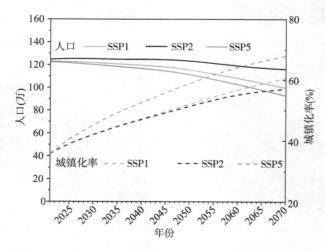

图 5-5   2021—2070 年新安江流域上游人口与城镇化率的变化

本研究结合历史土地利用变化规律及不同情景下未来人口和城镇化率预测结果,基于人口和城镇化率与土地利用变化之间关系的 2 个假设,预测未来研究区 2021—2070 年土地利用变化,具体思路和数据如图 5-6 所示。2 个假设分别为:(1)农村居民用地降低百分比等于农村人口降低百分比,变化空间随机选取农村居民用地网格,转变为水田、旱地或城镇居民用地;(2)城镇居民用地增加百分比等于城镇居民人口增加百分比,变化空间随机选取毗邻城镇的水田、旱地或农村居民用地网格。

基于上述方法,预测得到了研究区 2021—2070 年土地利用类型分布,3 种 SSPs 情景下 2070 年土地利用类型图如图 5-7 所示,未来土地利用发生变化的土地利用类型在 2018 年和 2070 年不同 SSPs 情景下面积占比如表 5-2 所示。总体而言,研究区未来土地利用变化主要集中在水田、旱地、城镇居民与农村居民四种土地利用类型,且现状年与远景年单个土地利用类型变化幅度在 0.6% 以内。在评估未来环境变化的水文与水质效应时,近景年(2021—2045 年)与远

景年(2046—2070 年)分别固定采用现状土地利用分布与预测的 2070 年土地利
用分布。

表 5-2　2070 年新安江流域上游土地利用变化类型的土地利用面积占比

土地利用类型	各类土地利用面积占比/%			
	2018 年	2070 年		
		SSP1－2.6	SSP2－4.5	SSP5－8.5
水田	13.9	13.4	13.3	13.3
旱地	1.6	1.9	1.7	2.1
城镇居民	1.4	2.0	2.1	2.0
农村居民	1.0	0.6	0.8	0.5

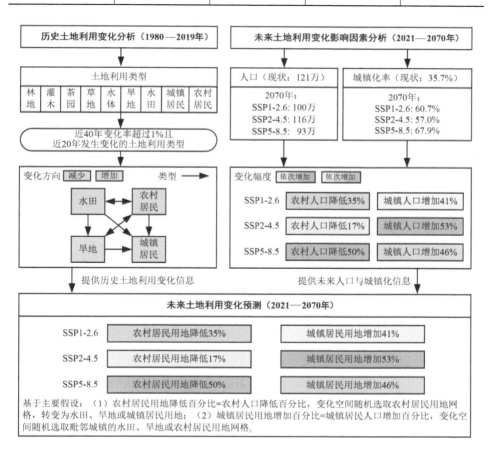

图 5-6　新安江流域上游土地利用变化预测思路

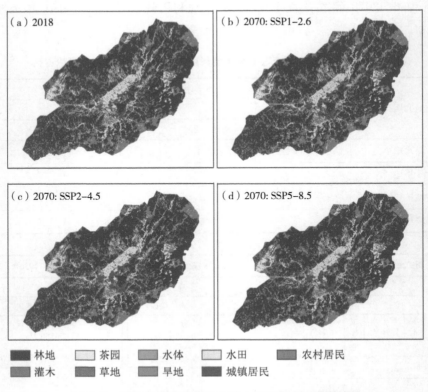

（a）2018　　　　　　　　（b）2070: SSP1-2.6

（c）2070: SSP2-4.5　　　　（d）2070: SSP5-8.5

林地　　茶园　　水体　　水田　　农村居民

灌木　　草地　　旱地　　城镇居民

图 5-7　2070 年新安江流域上游土地利用变化预测结果

5.2.2　地表污染源情景

CMIP6 中提供了未来气候、土地利用与社会经济情景（姜彤 等，2020），为未来流域地表污染源的预测提供了重要基础。根据第 2 章污染源输入量分析成果，大气沉降、施肥量与畜禽养殖是研究区氮磷输入的主要污染源。为简化计算，对于点源、水产养殖和农田固废等污染保持现状不变，农村生活污染利用不同 SSPs 情景下研究区人口与城镇化率预测结果计算农村人口（姜彤 等，2017），再乘以相应排污系数进行计算。上节已介绍了大气沉降污染的预估结果，本节重点预估不同情景下施肥与畜禽养殖的污染源输入量。

利用社会经济预测数据与机器学习算法对未来研究区施肥、畜禽养殖污染源输入量进行模拟与预测。采用相关分析方法，建立气温、降水、人口、农业人口、国内生产总值（GDP）与第一产业产值等指标，与施肥、畜禽养殖氮磷输入量的相关关系,结果表明农业人口和第一产业产值与施肥、畜禽养殖氮磷输入量最为相关。因此,采用 MATLAB 软件回归学习器(Regression Learner),将农业人口与第一产业产值作为预测因子,分别运用线性回归模型、回归树、支持向量机、高斯过程回归模型、树集成五类模型,利用 5 折交叉验证法,预估未来施肥与畜禽养殖污染源输入量。

研究区未来人口、农业人口相关数据已在 5.3.1 章节中介绍,GDP 和第一产业产值数据采用姜彤等(2018)基于经济普查与 Cobb-Douglas 模型预估的中国各省市 GDP 和第一产业产值数据产品,二者的空间分辨率分别为 0.5°和0.1°。提取研究区 2021—2070 年所在网格数据,利用统计年鉴数据计算修正系数,从而对未来研究区 GDP 和第一产业产值数据进行修正(图 5-8)。3 种 SSPs情景下 GDP 均呈现增长态势,SSP5 路径下 2070 年流域 GDP 总量最大,主要原因是该路径下维持现状社会经济发展态势,强调社会经济发展依赖化石燃料开发利用,采用资源与能源密集型的发展方式,全要素生产率较高,使得经济快速增长。在 3 种 SSPs 情景下,第一产业产值均呈现增加趋势。在 SSP1、SSP2 情景下,第一产业产值 2021—2060 年呈现增加趋势,2061—2070 年呈现小幅下降

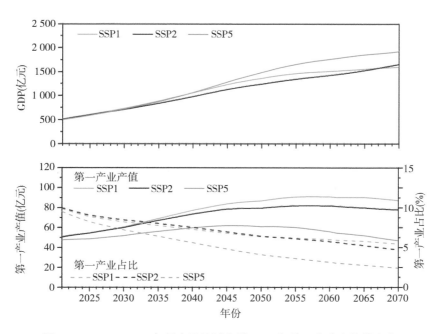

图 5-8　2021—2070 年新安江流域上游 GDP 与第一产业产值的变化

趋势,SSP1 情景下第一产业产值最高;SSP5 情景下第一产业产值 2021—
2045 年呈现增加趋势,而后逐步下降,此情景下第一产业产值最小。上述 3 种
情景下第一产业产值占比均呈现下降趋势,SSP5 情景下该占比下降最为明显。

经过不同算法建模与模拟效果比较分析(表 5-3),优化的高斯过程回归模
型对于施肥与畜禽养殖 TN 和 TP 输入量 4 个预测变量的模拟效果均表现最佳
(RMSE 最小),其模拟效果与超参数优化结果见图 5-9。本研究采用优化高斯
过程回归模型对施肥与畜禽 TN、TP 输入量进行预测,预测结果如图 5-10 所示。
在未来不同 SSPs 情景下,施肥和畜禽 TN、TP 输入量均呈现下降趋势。从施肥
TN 输入量来看,SSP2 情景降幅最小,SSP5 情景降幅最大;施肥 TP 输入量在
SSP2 情景降幅最小,SSP1 情景降幅最大;畜禽 TN 输入量在 SSP1 和 SSP5 情景下
降幅类似,SSP2 情景降幅小于另外两种情景;畜禽 TP 输入量在 SSP1 和 SSP5 情
景类似,降幅大于 SSP2 情景。综合上述污染源预估数据与方法,得到研究区未来
2021—2070 年在不同 SSPs 情景下 TN、TP 输入量,发现 TN、TP 输入量在未来
50 年均呈现显著下降趋势。TN 输入量在 SSP1 - 2.6、SSP2 - 4.5、SSP5 - 8.5 情景
下,分别由 2021 年的 6 265.1 kg/km²、6 464.0 kg/km²、6 712.3 kg/km² 下降至
2070 年的 3 408.6 kg/km²、4 050.0 kg/km² 和 4 505.4 kg/km²;TP 输入量在
SSP1 - 2.6、SSP2 - 4.5、SSP5 - 8.5 情景下,分别由 2021 年的 774.5 kg/km²、
775.8 kg/km²、786.2 kg/km² 下降至 2070 年的 377.6 kg/km²、443.4 kg/km² 和
425.7 kg/km²。

表 5-3　不同机器学习算法对 1980—2019 年新安江流域上游施肥与畜禽氮磷输入量模拟效果

序号	算法	施肥 TN 输入量模拟 RMSE(t)	施肥 TP 输入量模拟 RMSE(t)	畜禽养殖 TN 输入量模拟 RMSE(t)	畜禽养殖 TP 输入量模拟 RMSE(t)
1	线性回归	1 271.7	277.5	341.7	77.6
2	交互效应线性回归	1 158.2	263.6	343.1	77.5
3	稳健线性回归	1 273.2	282.7	345.6	79.5
4	逐步线性回归	1 158.2	263.6	343.2	78.1
5	精细树	925.0	200.6	309.0	68.2
6	中等树	1 029.6	209.4	302.0	65.4
7	粗略树	1 272.0	262.2	293.8	67.6

续表

序号	算法	施肥 TN 输入量模拟 RMSE(t)	施肥 TP 输入量模拟 RMSE(t)	畜禽养殖 TN 输入量模拟 RMSE(t)	畜禽养殖 TP 输入量模拟 RMSE(t)
8	线性支持向量机	1 282.7	289.0	353.6	80.2
9	二次支持向量机	1 049.7	259.2	318.7	74.5
10	三次支持向量机	1 152.7	438.4	715.8	105.4
11	精细高斯支持向量机	1 292.9	281.1	317.0	78.2
12	中等高斯支持向量机	962.1	257.3	311.6	67.5
13	粗略高斯支持向量机	1 101.4	270.7	329.0	75.6
14	提升树集成	900.1	203.8	270.3	61.0
15	装袋树集成	1 839.8	232.1	331.3	80.9
16	平方指数高斯过程回归模型	904.8	237.0	299.7	63.3
17	Matern 5/2 高斯过程回归模型	878.8	235.5	298.2	63.0
18	指数高斯过程回归模型	870.8	225.9	281.6	60.1
19	有理二次高斯过程回归模型	879.2	244.8	298.9	63.1
20	可优化树	960.9	198.9	292.4	63.1
21	可优化支持向量机	1 085.5	285.6	518.5	73.3
22	可优化高斯过程回归模型	845.2	184.35	224.6	51.2
23	可优化集成	851.9	204.0	256.1	55.2

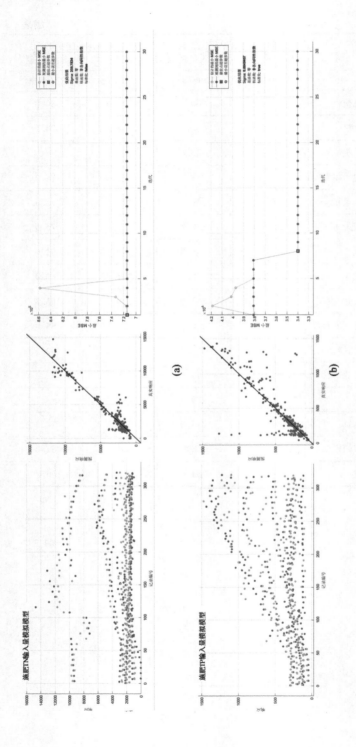

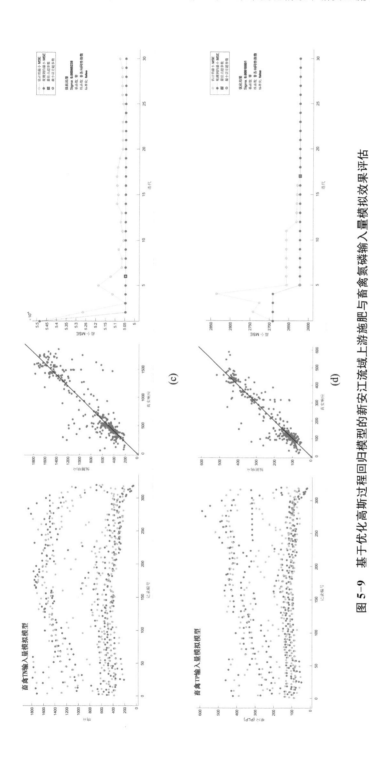

图 5-9　基于优化高斯过程回归模型的新安江流域上游施肥与畜禽氮磷输入量模拟效果评估

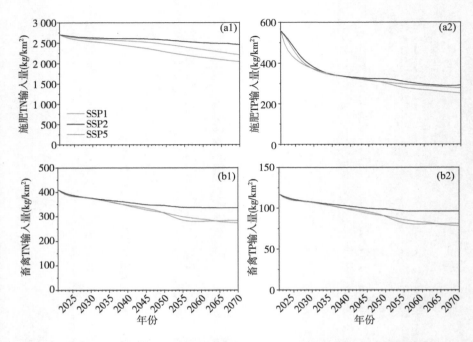

图 5-10　基于优化高斯过程回归模型的 2021—2070 年新安江流域上游施肥与
畜禽氮磷输入量预测

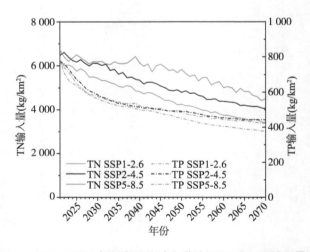

图 5-11　2021—2070 年新安江流域上游坡面 TN 和 TP 输入量预测

5.3　未来情景下径流与水质预估

5.3.1　未来坡面径流与氮磷负荷的变化

基于未来综合情景与数值模拟结果(表 5-4),相较于 1970—2019 年的多年平均情况,未来 SSP1－2.6、SSP2－4.5 和 SSP5－8.5 情景下研究区 2021—2070 年多年平均年降水量增加 4.8%～7.9%,蒸发量增加 18.2%～19.5%,径流深减少 0.7%～5.9%。相较于 1980—2019 年多年平均情况,未来 SSP1－2.6 情景下研究区 2021—2070 年多年平均坡面土壤侵蚀量减少 5.7×10^4 kg/(km^2·a)(表 5-5),TN 负荷量减少 1 161 kg/(km^2·a),TP 负荷量减少 1 kg/(km^2·a);SSP2－4.5 情景下,多年平均坡面土壤侵蚀量减少 2.7×10^4 kg/(km^2·a),TN 负荷量减少 763 kg/(km^2·a),TP 负荷量增加 47 kg/(km^2·a);SSP5－8.5 情景下多年平均坡面土壤侵蚀量增加 3.0×10^3 kg/(km^2·a),TN 负荷量与 TP 负荷量均增加 254 kg/(km^2·a)。相较于 1980—2019 年多年平均情况,未来 SSP1－2.6、SSP2－4.5 和 SSP5－8.5 情景下研究区 2021—2070 年多年平均坡面土壤侵蚀在空间上均呈现减少态势(图 5-12),四周山区与丘陵区较平原区减少更加明显。未来 SSP1－2.6、SSP2－4.5 情景下坡面 TN 负荷强度在空间上基本呈现减少态势,且平原地区减少幅度更大;SSP5－8.5 情景下,坡面 TN 负荷强度在四周山区与丘陵区以增加为主,在平原区以减少为主。未来 SSP1－2.6、SSP2－4.5 情景下,坡面 TP 负荷强度在空间上表现为流域西南地区明显变大,部分城市化区域变小,其他区域整体变化较小;SSP5－8.5 情景下,坡面 TP 负荷强度除了部分城市化区域变小以外,大部分区域呈现明显增加态势,尤其是流域西南地区。

表 5-4　2021—2070 年新安江流域上游水循环要素多年平均值及其相对历史期的变化

情景	降水量		蒸发量		径流深	
	未来均值 (mm/a)	相对变化 (%)	未来均值 (mm/a)	相对变化 (%)	未来均值 (mm/a)	相对变化 (%)
SSP1－2.6	1 951	7.4	981	19.5	973	−2.3
SSP2－4.5	1 904	4.8	971	18.2	937	−5.9

续表

情景	降水量		蒸发量		径流深	
	未来均值 （mm/a）	相对变化 （%）	未来均值 （mm/a）	相对变化 （%）	未来均值 （mm/a）	相对变化 （%）
SSP5－8.5	1 959	7.9	973	18.6	989	−0.7

表 5-5　2021—2070 年新安江流域上游坡面土壤侵蚀与氮磷负荷

多年平均值及其相对历史期的变化

情景	土壤侵蚀量 [10^5 kg/(km^2·a)]		TN 负荷量 [kg/(km^2·a)]		TP 负荷量 [kg/(km^2·a)]	
	未来均值	相对变化	未来均值	相对变化	未来均值	相对变化
SSP1－2.6	2.6	−0.57	2 058	−1 161	292	−1
SSP2－4.5	2.9	−0.27	2 456	−763	340	+47
SSP5－8.5	3.2	+0.03	3 473	+254	547	+254

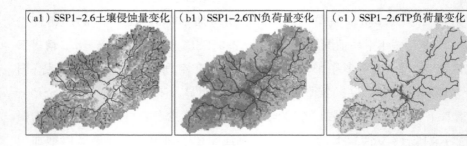

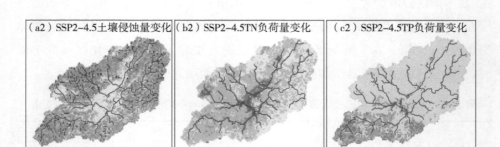

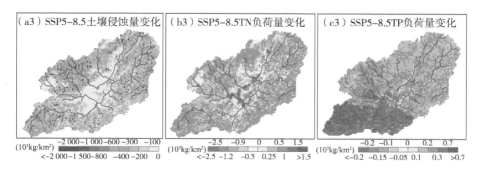

图 5-12　2021—2070 年不同情景下新安江流域上游坡面土壤侵蚀量及 TN、TP 负荷量相对历史期的变化

5.3.2　未来流域出口河道氮磷负荷与浓度变化

相较于 1980—2019 年多年平均情况，未来 SSP1－2.6、SSP2－4.5 情景下新安江流域上游出口（街口站）2021—2070 年多年平均泥沙量减少 14.4%～15.5%（表 5-6），TN 和 TP 负荷量分别减少 19.9%～24.5% 和 0.3%～4.6%；SSP5－8.5 情景下出口站泥沙量减少 5.1%，TN 和 TP 负荷量分别增加 4.5% 和 7.7%。

表 5-6　2021—2070 年流域出口泥沙量与氮磷负荷量多年平均值及其相对历史期的变化

情景	泥沙量		TN 负荷量		TP 负荷量	
	未来均值 (10^5 t/a)	相对变化 (%)	未来均值 (t/a)	相对变化 (%)	未来均值 (t/a)	相对变化 (%)
SSP1－2.6	4.9	−14.4	2 038	−24.5	172	−0.3
SSP2－4.5	4.8	−15.5	2 161	−19.9	165	−4.6
SSP5－8.5	5.4	−5.1	2 821	+4.5	186	+7.7

根据街口站径流-泥沙-氮磷负荷变化的逐月分布及相较于历史时期的变化率可知（图 5-13），未来径流量在 3 种情景下 5 月和 8 月均有明显升高，11 月有明显下降，不同情景差异不大。泥沙量在 SSP1－2.6 情景下 9 月有明显升高，11 月有明显降低；SSP2－4.5、SSP5－8.5 情景下 8 月和 9 月有明显升高，11 月有明显降低。TN 负荷量在 SSP1－2.6 情景下除 8 月变化不大以外，其余月份均有所下降；SSP2－4.5 情景下 8 月明显升高，9 月有小幅升高，其他月份均下降；SSP5－8.5 情景下 2 月、5 月和 8 月均有明显升高，9 月和 12 月有小幅升高，其

他月份有不同程度的下降。TP 负荷量在 SSP1-2.6、SSP2-4.5 和 SSP5-8.5 情景下,5 月、8 月和 9 月均有明显的升高,11 月有明显下降。

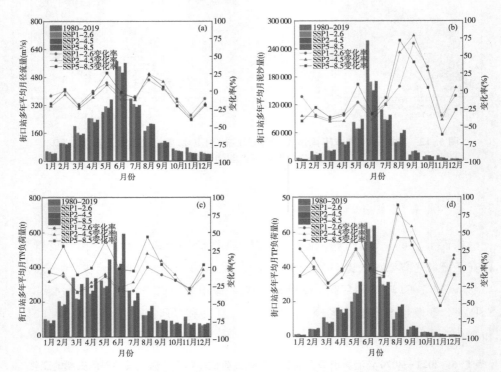

图 5-13 2021—2070 年不同情景下新安江流域上游出口(街口站)多年平均径流-泥沙-氮磷负荷的逐月分布及其相对历史期的变化

从街口站氮磷浓度多年平均值及其变化可以看出(表 5-7),TN 浓度在 SSP1-2.6 和 SSP2-4.5 情景下均呈现下降态势,在 SSP5-8.5 情景下有所上升;TP 浓度在 SSP1-2.5、SSP2-4.5 和 SSP5-8.5 情景下均有所上升,其中在 SSP5-8.5 情景下上升较为明显。

表 5-7 2021—2070 年新安江流域上游出口(街口站)氮磷浓度多年平均值及其变化

情景	TN 浓度(mg/L)		TP 浓度(mg/L)	
	均值	相对变化	均值	相对变化
SSP1-2.6	0.35	−0.10	0.030	+0.001
SSP2-4.5	0.39	−0.06	0.030	+0.001
SSP5-8.5	0.48	+0.03	0.032	+0.003

根据新安江流域上游出口（街口站）氮磷浓度变化的逐月分布可知（图5-14），TN 浓度在 SSP1-2.6 情景下，仅在 11 月有小幅上升，其他月份均呈现下降态势；在 SSP2-4.5 情景下，2—9 月均有下降态势，枯水期（1 月和 10—12 月）有一定上升，其中 12 月上升较为明显；在 SSP5-8.5 情景下，仅 6 月和 9 月有微弱下降，其他月份均呈现上升态势，尤其是 1—3 月和 11—12 月这些枯水月份。TP 浓度在 SSP1-2.6、SSP2-4.5 和 SSP5-8.5 情景下，均在 1—2 月、5 月、8—10 月、12 月呈现上升态势，在 3 月、6 月和 11 月均呈现下降态势；而在 4 月和 7 月，SSP1-2.6 和 SSP2-4.5 呈现下降态势，SSP5-8.5 呈现上升态势；在 SSP2-4.5 和 SSP5-8.5 情景下 TP 浓度在 5 月、8 月与 9 月上升幅度较大。

综合以上研究，鉴于 SSP5-8.5 情景下坡面 TN、TP 负荷量及河道 TN、TP 浓度均明显增加，阐明了绿色发展是实现新安江流域上游水源地水质保障的重要途径。

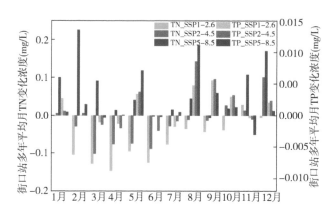

图 5-14　2021—2070 年不同情景下新安江流域上游出口（街口站）多年平均氮磷浓度相对历史期变化的逐月分布

5.4　本章小结

本章结合未来气候模式与机器学习算法，预估了一套匹配共享社会经济路径的未来气候-土地利用-污染源变化综合情景，模拟了新安江流域上游未来50 年不同情景下径流与水质变化，阐明了绿色发展是实现新安江上游水源地水质保障的重要途径,得出主要结论如下。

(1) 相较于历史时期 1970—2019 年的多年平均值,未来研究区在 SSP1-2.6、SSP2-4.5 和 SSP5-8.5 情景下 2021—2070 年多年平均年均气温升高 $0.79\sim1.34$ ℃/a,年降水增加 $4.8\%\sim7.9\%$;未来 50 年土地利用变化集中在水田、旱地、城镇居民与农村居民四种土地利用类型,且单个土地利用类型变化幅度小于 0.6%;2021—2070 年,TN 负荷输入量由 6 265.1~6 712.3 kg/km² 下降至 3 408.6~4 505.4 kg/km²,TP 负荷输入量由 774.5~786.2 kg/km² 下降至 377.6~443.4 kg/km²。

(2) 基于未来综合情景与数值模拟结果,相较于 1970—2019 年多年平均情况,未来 SSP1-2.6、SSP2-4.5 和 SSP5-8.5 情景下研究区 2021—2070 年多年平均年蒸发量增加 $18.2\%\sim19.5\%$,径流深减小 $0.7\%\sim5.9\%$。

相较于 1980—2019 年多年平均情况,未来 SSP1-2.6 情景下研究区 2021—2070 年多年平均坡面土壤侵蚀量减少 5.7×10^4 kg/(km²·a),TN 负荷量减少 1 161 kg/(km²·a),TP 负荷量减少 1 kg/(km²·a);SSP2-4.5 情景下,多年平均坡面土壤侵蚀量减少 2.7×10^4 kg/(km²·a),TN 负荷量减少 763 kg/(km²·a),TP 负荷量增加 47 kg/(km²·a);SSP5-8.5 情景下多年平均坡面土壤侵蚀量增加 3.0×10^3 kg/(km²·a),TN 负荷量与 TP 负荷量均增加 254 kg/(km²·a)。未来 SSP5-8.5 情景下,坡面 TN 负荷量在四周山区与丘陵区以增加为主,坡面 TP 负荷量整体呈现增加态势,尤其是流域西南区域增加明显。

(3) 相较于 1980—2019 年多年平均情况,未来 SSP1-2.6、SSP2-4.5 情景下新安江流域上游出口(街口站)2021—2070 年多年平均泥沙量减少 $14.4\%\sim15.5\%$,TN 和 TP 负荷量分别减少 $19.9\%\sim24.5\%$ 和 $0.3\%\sim4.6\%$;SSP5-8.5 情景下出口站泥沙量减少 5.1%,TN 和 TP 负荷量分别增加 4.5% 和 7.7%。TN 浓度在 SSP1-2.6 和 SSP2-4.5 情景下均呈现下降态势,在 SSP5-8.5 情景下有所上升;TP 浓度在 SSP1-2.5、SSP2-4.5 和 SSP5-8.5 情景下均有所上升,其中在 SSP5-8.5 情景下升较为明显。以上研究阐明了绿色发展是实现新安江流域上游水源地水质保障的重要途径。

第6章

总结与展望

6.1　主要研究成果

本研究围绕气候变化与人类活动影响下典型水源地新安江流域上游的氮磷负荷时空分布特征及其对河道水质的影响这一科学问题开展了研究。收集了新安江流域上游气象、水文、土地利用、污染源输入与河道水质数据，分析了流域水量水质及其影响因素的变化，构建了基于物理过程的分布式水文与生物地球化学过程耦合模型，重现了新安江流域上游非点源氮磷负荷的时空分布，识别了坡面污染负荷的主要影响因素，量化了大气沉降对新安江流域上游河道 TN 负荷的贡献程度，揭示了流域水量与氮磷物质的总体平衡关系及其区间分布特征，预估了未来气候与人类活动变化条件下流域的径流与水质演变，取得的主要成果如下。

（1）基于观测数据揭示了过去 50 年新安江流域上游水量水质及其影响因素的变化特征。

分析了 1970—2019 年研究区与其周边 10 座气象站气温，以及研究区内 17 座气象站与雨量站降雨的变化规律，评价了 1970—2019 年研究区内 3 座水文站（控制流域面积的 74%）流量、高低脉冲与水文条件相关的水文情势变化指标，统计了 2011—2019 年 8 座水质站氮磷浓度的时空变化，分析了 1980—2019 年流域土地利用与污染源变化特征。

①研究区年均气温以 0.012～0.036 ℃/a 的速率升高，年最高气温以 0.002～0.031 ℃/a 的速率升高；年降雨日数以 -0.97～0.05 d/a 的速率变化（17 座站点中有 16 座为降雨日数减少），降雨日平均雨强以每年 0.002～0.090 mm/d 的速率增加，说明流域年内降雨分布更加集中。

②月潭站年最小 1 日、3 日流量显著减小，表明其极端干旱胁迫在增强；3 座水文站极大值（极小值）流量出现在儒略日 165～168（300～332）；3 座水文站低流量脉冲数量均显著增加（0.11～0.37 次/年），相应持续时间均呈减小趋势，高流量脉冲数量均呈减小趋势，相应持续时间均呈增加趋势，说明流域高低脉冲变异性在增强；3 座水文站水文逆转次数均显著增加（0.38～0.55 次/年），说明流域水文条件变异性在增强。

将研究时段均匀划分为两个时段（1970—1994 年与 1995—2019 年），发现相较于前一时段，后一时段 3 座水文站 1 月和 12 月均值流量均明显增加

（46%～64%），10 月均值流量明显减少（34%～44%）；月潭站所有极小值流量均下降，月潭站和屯溪站所有极大值流量均上升；月潭站年最小日流量和屯溪站年最大日流量发生时间均提前 12 天；3 座水文站高流量脉冲数量均减少且持续时间均增加；3 座水文站水文逆转次数均增加，且流量上升率降低。

③2011—2019 年，所有站点所有月份 TN 和 TP 浓度中位数分别在 1.1～1.9 mg/L 和 0.04～0.07 mg/L 之间；河道 TN 浓度中位数表现为冬春季（12月—次年 5 月）较高，处于 1.6～1.9 mg/L 之间；而 TP 浓度在汛期（4—7 月）较高，浓度中位数在 0.06～0.07 mg/L 之间；流域出口站 TN 和 TP 浓度中位数一年中分别有 10 个月和 4 个月高于 1 mg/L 和 0.05 mg/L（湖库Ⅲ类阈值）。

④研究区近 40 年各种土地利用类型的变化面积占流域总面积比例均小于2%，土地利用类型在空间上存在两种明显变化规律：一是地势较高的山区多处成片林地退化，二是城镇化。研究区多年平均点源 TN 和 TP 输入量分别为1.1×10⁵ kg/a 和 8.2×10³ kg/a，占流域污染总输入量比重小于 1%；多年平均非点源 TN 和 TP 输入量分别为 7 970 kg/(km² · a)和 777 kg/(km² · a)，分别以大气氮沉降和磷肥为主导。

（2）构建了适用于新安江流域上游的基于物理过程的分布式水文与生物地球化学过程耦合模型。

构建了研究区下垫面、气象与污染源数据集，建立了水文-土壤侵蚀-氮磷参数库，构建了基于物理过程的分布式水文与生物地球化学过程耦合模型，实现了研究区径流-泥沙-氮磷负荷的长序列（1970—2019 年）、高分辨率（1 km×1 km）动态模拟，评估了模型对于研究区河道径流、泥沙与氮磷负荷模拟的适用性。取得主要结论如下。

①梳理了 GBNP 模型的结构框架，详细介绍了营养盐在坡面与河道迁移转化过程的基本原理，整合流域下垫面、气象与污染源输入多源数据，构建了1970—2019 年气象、水文输入数据集与 1980—2019 年营养盐输入数据集。基于地表统计数据与大气监测产品，结合输出系数法与污染时空展布方法，得到了新安江流域 1980—2019 年 NPSs 氮磷输入量的时空变化。

多年平均非点源污染 TN 输入量为 7 970 kg/(km² · a)，大气沉降、氮肥与畜禽养殖贡献率分别为 45.6%、38.1%和 10.1%；多年平均非点源污染 TP 输入量为777 kg/(km² · a)，磷肥、畜禽养殖和大气沉降贡献率分别为 53.7%、25.8%和12.9%。1980—2019 年，非点源污染年 TN 输入量由 7 755 kg/km² 降低至

6 991 kg/km²,年 TP 输入量由 522 kg/km² 增长至 811 kg/km²。

②基于 GBNP 模型,采用逐日气象、逐旬 NDVI、逐月污染输入与 5 期动态土地利用等数据驱动模型,利用逐月径流、泥沙与氮磷负荷完成参数率定与模型验证,建立了适用于研究区的模型参数库(水文、土壤侵蚀与氮磷参数分别为 6 个、8 个和 6 个),实现了研究区径流-泥沙-氮磷的长序列与精细化耦合模拟。

③采用纳什效率系数(NSE)、偏差百分比(PBIAS)和均方根误差与观测标准差的比率系数(RSR)评价模拟效果。模拟结果显示,月径流 NSE [0.89, 0.97],PBIAS [−4.44%, 2.70%],RSR [0.17, 0.33];月泥沙 NSE [0.70, 0.86],PBIAS [−24.24%, 40.32%],RSR [0.37, 0.54];月 TN、TP 负荷除屯溪站验证期 NSE 和 RSR 略偏离阈值外,NSE [0.51, 0.75],PBIAS [−18.55%, 46.01%],RSR [0.50, 0.70]。模型总体满足模型评价标准,较好地捕捉了径流、泥沙与氮磷负荷的时空变化。

(3) 分析了过去 40 年新安江流域上游污染负荷时空分布及其对河道水质的影响。

基于研究区分布式水文与生物地球化学过程耦合模型的模拟结果,分析了过去 50 年流域水循环要素的分布及其时空变化,以及过去 40 年土壤侵蚀与氮磷负荷量的时空演变特征及其影响因素,量化了大气沉降对新安江流域上游河道 TN 负荷的贡献程度,揭示了流域水量与氮磷物质的总体平衡关系及其区间分布特征。取得主要结论如下:

①1970—2019 年研究区多年平均降水量、实际蒸发量和径流深分别为 1 816 mm、821 mm 和 996 mm,径流系数为 0.55;汛期降水量与径流深分别占全年总值的 54.7% 和 63.6%;流域降水变化趋势整体不显著($P > 0.05$),降水量空间变化趋势为西侧中部呈现降低趋势,而南部、东南部与东北部呈现增加趋势;多年平均年径流深与降水量的空间分布较为一致。

②1980—2019 年多年平均 TN、TP 负荷量分别为 3 219 kg/(km² · a)和 293 kg/(km² · a),坡面污染入河系数分别为 0.40 和 0.38;汛期坡面 TN 与 TP 负荷量分别占年污染负荷量的 65.0% 和 63.2%;TN 负荷强度的年际变化受径流、土壤侵蚀与污染输入的共同影响,TP 负荷强度的年际变化主要受降雨-径流过程控制;坡面 TN 负荷强度与土地利用的空间分布相一致,坡面 TP 负荷强度与径流的空间分布相一致。基于 2000—2009 年模型数值试验结果,大气沉降污染贡献了 65% ~ 71% 的流域坡面 TN 负荷入河量;不考虑大气沉降污染,TN 负

荷量将由 3 122 kg/(km² • a)降低至 1 266 kg/(km² • a),街口站 TN 浓度高于 1.0 mg/L 的平均天数由 15 d/a 降低至 5 d/a。

③1980—2019 年,流域上游出口站逐月河道 TN 与 TP 浓度分别为 0.14～ 1.14 mg/L 和 0.01～0.07 mg/L;TN 浓度在非汛期高于汛期,TP 浓度则相反; 逐日径流量与 TN 浓度在汛期场次洪水过程中具有明显的绳套曲线特征,洪水 期间呈现氮素的累积与冲刷效应;TP 浓度与径流量在一年中呈正相关关系 (R^2=0.97),TP 浓度增长率随着径流量增加而降低。以上研究揭示了研究区 径流对氮磷浓度具有不同的作用机制。

④1980—2019 年,流域大气年 TN、TP 输入量分别为 2.01 万吨和 0.06 万 吨,地表年 TN、TP 输入量分别为 2.51 万吨和 0.39 万吨;坡面 NPSs 污染年 TN、TP 入河量分别为 1.84 万吨和 0.17 万吨;河道点源污染年 TN、TP 入河量 分别为 0.01 万吨和 0.000 8 万吨;流域出口流出的年 TN 和 TP 负荷分别为 0.27 万吨和 0.02 万吨,流域河道 TN、TP 滞留系数分别为 0.86 和 0.89。流域 TN 和 TP 负荷的主要源区均为率水与练江汇流区。

(4) 预估了未来 50 年气候变化与人类活动综合情景下新安江流域上游的 径流与水质。

结合未来气候模式与机器学习算法,预估了一套匹配共享社会经济路径的 未来气候-土地利用-污染源变化综合情景,模拟了新安江流域上游未来 50 年不 同情景下径流与水质变化,阐明了绿色发展是实现新安江流域上游水源地水质 保障的重要途径。取得主要结论如下:

①相较于历史时期 1970—2019 年的多年平均值,未来研究区在 SSP1 - 2.6、 SSP2 - 4.5 和 SSP5 - 8.5 情景下 2021—2070 年多年平均的年均气温升高 0.79～1.34 ℃/a,年降水增加 4.8%～7.9%;未来 50 年土地利用变化集中在水 田、旱地、城镇居民与农村居民四种土地利用类型,且单个土地利用类型变化幅 度小于 0.6%;2021—2070 年,TN 负荷输入量由 6 265.1～6 712.3 kg/km² 下降 至 3 408.6～4 505.4 kg/km²,TP 负荷输入量由 774.5～786.2 kg/km² 下降至 377.6～443.4 kg/km²。

②基于未来综合情景与数值模拟结果,相较于 1970—2019 年多年平均情 况,未来 SSP1 - 2.6、SSP2 - 4.5 和 SSP5 - 8.5 情景下研究区 2021—2070 年多 年平均年蒸发量增加 18.2%～19.5%,径流深减小 0.7%～5.9%。相较于 1980—2019 年多年平均情况,未来 SSP1 - 2.6 情景下研究区 2021—2070 年多年平均

坡面土壤侵蚀量减小 5.7×10^4 kg/(km² · a),TN 负荷量减小 1161 kg/(km² · a),TP 负荷量减小 1 kg/(km² · a);SSP2 - 4.5 情景下,多年平均坡面土壤侵蚀量减小 2.7×10^4 kg/(km² · a),TN 负荷量减小 763 kg/(km² · a),TP 负荷量增加 47 kg/(km² · a);SSP5 - 8.5 情景下多年平均坡面土壤侵蚀量增加 3.0×10^3 kg/(km² · a),TN 负荷量与 TP 负荷量均增加 254 kg/(km² · a)。未来 SSP5 - 8.5 情景下,研究区坡面 TN 负荷量在四周山区与丘陵区以增加为主,坡面 TP 负荷量整体呈现增加态势,尤其是流域西南区域增加更为明显。

③相较于 1980—2019 年多年平均情况,未来 SSP1 - 2.6、SSP2 - 4.5 情景下新安江流域上游出口(街口站)2021—2070 年多年平均泥沙量减少 14.4%～15.5%,TN 和 TP 负荷量分别减少 19.9%～24.5% 和 0.3%～4.6%;SSP5～8.5 情景下出口站泥沙量减少 5.1%,TN 和 TP 负荷量分别增加 4.5% 和 7.7%。TN 浓度在 SSP1 - 2.6 和 SSP2 - 4.5 情景下均呈现下降态势,在 SSP5 - 8.5 情景下有所上升;TP 浓度在 SSP1 - 2.5、SSP2 - 4.5 和 SSP5 - 8.5 情景下均有所上升,其中 SSP5 - 8.5 情景上升较为明显。阐明了绿色发展是实现新安江流域上游水源地水质保障的重要途径。

6.2　主要创新点

本研究的主要创新点包括:

(1) 整合多源数据重构了新安江流域上游的气象水文、土地利用与污染源等长时间序列数据集,构建了分布式水文与生物地球化学过程耦合的数值模型 GBNP,实现了 1 km×1 km 空间尺度上的逐小时径流-泥沙-氮磷过程模拟。

(2) 模拟再现了 1980—2019 年新安江流域上游水量与水质的时空变化,阐明了氮磷物质通过大气沉降和生产生活输入、随水文过程沿坡面入河、伴随河道水流演进至出口断面的全过程演变特征,揭示了大气沉降是该流域河道 TN 负荷的主要来源。

(3) 基于未来气候模式的结果,采用机器学习算法预估了匹配共享社会经济路径的气候-土地利用-污染源变化综合情景,模拟了 2021—2070 年新安江流域上游径流与水质变化,阐明了绿色发展是保障该水源地优良水质的重要途径。

6.3 研究中的不足及展望

新安江流域上游水质受气候变化与人类活动共同影响,污染输入具有较强的空间变异性,污染物迁移转化规律与影响机制较为复杂,本研究所提出的方法和结果尚存在不足之处,后续可改进和继续研究的方向包括:

(1)进一步加强新安江流域上游大气与地表环境监测与数据收集。

在本研究中,大气沉降输入数据在 1980—2019 年仅有 2～4 期且空间分辨率较低,鉴于该类污染物对新安江水库水质的影响程度较高,未来需要进一步加强站点监测,结合遥感产品构建流域高精度大气沉降数据集。坡面过程的模拟结果通常缺乏数据进行率定与验证,本研究评估了河道水量与水质的模拟效果来综合反映坡面与河道两个过程,下一步需要结合坡面过程监测结果来完善坡面过程的刻画与验证。

(2)通过典型坡面与小流域观测深入认识流域水文与生物地球化学过程。

流域水文与生物地球化学过程的耦合过程十分复杂,需要通过典型坡面与小流域观测进一步认识流域水文与生物地球化学过程的耦合,不断完善 GBNP 模型,定量评价水文-生物地球化学过程变化对生态系统、植被结构、生物多样性、水和土壤等环境因子的影响。GBNP 模型能够模拟不同形态的氮磷的迁移转化过程,本研究仅对 TN、TP 负荷量与浓度进行分析,后期继续分析不同氮磷组分(氨氮、硝氮、有机氮与溶解磷、有机磷)的迁移转化过程,进一步揭示 N 和 P 的演变机制与影响因素,并加强 GBNP 模型在其他流域的应用。

(3)基于陆气耦合模型研究流域施肥等人类活动对大气污染的反馈以及通过大气循环对流域河道水质的影响。

大气与陆面过程具有较强的生物地球化学相互作用(Abdolghafoorian and Dirmeyer,2021),未来需要进一步实现大气、空间和地球研究的学科交叉融合,深入研究流域水文-生物地球化学系统循环在水平-垂直界面上的耦合相互作用(Yang et al.,2021),建立陆气耦合模型,研究流域施肥等人类活动对大气污染的反馈,以及通过大气循环对流域河道水质的影响。

参考文献

曹芳芳，李雪，王东，等，2013. 新安江流域土地利用结构对水质的影响[J]. 环境科学，34(7):2582-2587.

陈鑫，刘艳丽，刁艳芳，等，2019. 基于 SWAT 模型对气候变化与人类活动影响下径流变化的量化分析[J]. 南水北调与水利科技，17(4):9-18.

杜星博，2022. 新安江流域生态补偿对上游工业环境规制强度和企业生产率的影响[D]. 南京:南京信息工程大学.

范进进，秦鹏程，史瑞琴，等，2022. 气候变化背景下湖北省高温干旱复合灾害变化特征[J]. 干旱气象，40(5):780-790.

高祥照，马文奇，马常宝，等，2002. 中国作物秸秆资源利用现状分析[J]. 华中农业大学学报，21(3):242-247.

高冰，2012. 长江流域的陆气耦合模拟及径流变化分析[D]. 北京:清华大学.

韩林君，白爱娟，蒲学敏，2022. 基于 CMIP6 的祁连山气候变化特征预估[J]. 高原气象，41(4):864-875.

韩其为，何明民，1997. 恢复饱和系数初步研究[J]. 泥沙研究，(3):34-42.

侯炳江，2008. 黑龙江省水污染物预测与控制方案[J]. 黑龙江水利科技，36(6):16-19.

黄蓉，张建梅，林依雪，等，2019. 新安江上游流域径流变化特征与归因分析[J]. 自然资源学报，34(8):1771-1781.

Williams J R,黄宝林，1992. EPIC 模型的物理组成[J]. 水土保持科技情报，(4):48-52＋8.

纪诗璇，沈芳，白千川，等，2022. 河北廊坊 1971—2020 年冷暖冬气候变化特征分析[J]. 农业灾害研究，12(7):127-129.

贾彦龙，王秋凤，朱剑兴，等，2019. 1996—2015 年中国大气无机氮湿沉降时空格局数据集[J]. 中国科学数据(中英文网络版),4(1):8-17.

姜彤，王艳君，苏布达，等，2020. 全球气候变化中的人类活动视角:社会经济情景的演变[J]. 南京信息工程大学学报(自然科学版)，12(1)：68-80.

姜彤，王润，景丞，等，2017. IPCC 共享社会经济路径下中国和分省人口变化预估[J]. 气候变化研究进展，13(2)：128-137.

姜彤，赵晶，曹丽格，等，2018. 共享社会经济路径下中国及分省经济变化预测[J]. 气候变化研究进展，14(1)：50-58.

赖斯芸，杜鹏飞，陈吉宁，2004. 基于单元分析的非点源污染调查评估方法[J]. 清华大学学报(自然科学版)，44(9)：1184-1187.

李慧赟，王裕成，单亮，等，2022. 暴雨径流对新安江入库总磷负荷量的影响[J]. 环境科学研究，35(4)：887-895.

李明涛，2014. 密云水库流域土地利用与气候变化对非点源氮、磷污染的影响研究[D]. 北京：首都师范大学.

李娜，黎佳茜，李国文，等，2018. 中国典型湖泊富营养化现状与区域性差异分析[J]. 水生生物学报，42(4)：854-864.

李雪，曹芳芳，陈先春，等，2013. 敏感区域目标污染物空间溯源分析——以新安江流域跨省界断面为例[J]. 中国环境科学，33(9)：1714-1720.

卢诚，李国光，齐作达，等，2017. SPARROW 模型的传输过程研究——以新安江流域总氮为例 [J]. 水资源与水工程学报，28(1)：7-13.

吕唤春，2002. 千岛湖流域农业非点源污染及其生态效应的研究[D]. 杭州：浙江大学.

郦建强，王建生，颜勇，2011. 我国水资源安全现状与主要存在问题分析[J]. 中国水利，(23)：42-51.

梅超，刘家宏，王浩，等，2017. SWMM 原理解析与应用展望[J]. 水利水电技术，48(5)：33-42.

潘娅英，骆月珍，王亚男，等，2018. 新安江流域降水、径流演变特征分析[J]. 水土保持研究，25(6)：121-125.

秦大河，丁一汇，苏纪兰，等，2005. 中国气候与环境演变评估(I)：中国气候与环境变化及未来趋势[J]. 气候变化研究进展，1(1)：4-9.

秦大河，2007. 中国气候与环境演变(上)[J]. 资源环境与发展，8(3)：1-4.

秦迪岚，罗岳平，黄哲，等，2012. 洞庭湖水环境污染状况与来源分析[J]. 环境科学与技术，35(8)：193-198.

清华大学水力学教研组，1980. 水力学：下册[M]. 北京：人民教育出版社.

全国农业技术推广服务中心，1999. 中国有机肥料养分志[M]. 北京：中国农业
　　出版社.

舒金华，黄文钰，1996. 中国湖泊营养类型的分类研究[J]. 湖泊科学，8(6)：
　　193-200.

唐莉华，2008. 基于地貌特征的流域水-沙-污染物耦合模型及其应用[D]. 北
　　京：清华大学.

田晶，郭生练，刘德地，等，2020. 气候与土地利用变化对汉江流域径流的影响
　　[J]. 地理学报，75(11)：2307-2318.

王艾，2016. 流域人类活动净氮输入的时空变化及其对河道水质的影响[D]. 北
　　京：清华大学.

王艾，唐莉华，王婷婷，等，2014. 基于 GBNP 模型的新安江上游流域非点源污
　　染模拟[J]. 水利学报，45(11)：1261-1271.

王闯，戴长雷，宋成杰，2022. 青藏高原气候变化的时空分布特征分析[J]. 人
　　民黄河，44(9)：76-82.

王少丽，2008. 农田氮转化运移及流失量模拟预测[D]. 北京：清华大学.

王思如，杨大文，孙金华，等，2021. 我国农业面源污染现状与特征分析[J]. 水
　　资源保护，37(4)：140-147＋172.

王有恒，李丹华，卢国阳，等，2022. 祁连山气候变化特征及其对水资源的影响
　　[J]. 应用生态学报，33(10)：2805-2812.

吴珺，2013. 农业污染优先控制区划分——以安徽省为例[D]. 合肥：安徽农业
　　大学.

向竣文，张利平，邓瑶，等，2021. 基于 CMIP6 的中国主要地区极端气温/降水
　　模拟能力评估及未来情景预估[J]. 武汉大学学报（工学版），54(1)：46-
　　57＋81.

肖宇婷，谌书，樊敏，2021. 沱江流域污染负荷时空变化特征研究[J]. 环境科
　　学学报，41(5)：1981-1995.

谢晖，邱嘉丽，董建玮，等，2022. 流域水文模型在面源污染模拟与管控中的应
　　用研究进展[J]. 生态学报，42(15)：6076-6091.

徐翔宇，2012. 气候变化下典型流域的水文响应研究[D]. 北京：清华大学.

闫铁柱，杜会英，夏维，等，2009. 安徽省畜禽粪便污染现状及其防治对策[J].
　　农业环境与发展，26(2)：58-62.

杨迪虎，2006. 新安江流域安徽省地区水环境状况分析[J]. 水资源保护，（5）：77-80.

阳坤，何杰，唐文君，等，2019. 中国区域地面气象要素驱动数据集（1979—2018）[DB/OL]. 国家青藏高原科学数据中心. http//doi. org/10. 11888/AtmosphericPhysics. tpe. 249369. file. CSTR：18406. 11. AtmosphericPhysics. tpe. 249369. file.

岳艳琳，2022. 气候变化下长江流域未来径流与旱涝变化特征研究[D]. 上海：华东师范大学.

张峰，2011. 长乐江流域大气氮、磷沉降及其在区域营养物质循环中的贡献[D]. 杭州：浙江大学.

张红举，陈方，2010. 太湖流域面源污染现状及控制途径[J]. 水资源保护，26(3)：87-90.

张建，1995. CREAMS模型的结构特点[J]. 西北水资源与水工程学报，（3）：17-21.

张乃夫，刘霞，朱继鹏，等，2014. 安徽新安江流域土壤侵蚀敏感性评价及空间分异特征[J]. 中国水土保持科学，12(6)：8-15.

张齐，许志坚，赵坤荣，2009. 基于Elman神经网络的污染源数据预测[J]. 华南理工大学学报（自然科学版），37(5)：135-138.

张秋玲，2010. 基于SWAT模型的平原区农业非点源污染模拟研究[D]. 杭州：浙江大学.

张田，卜美东，耿维，2012. 中国畜禽粪便污染现状及产沼气潜力[J]. 生态学杂志，31(5)：1241-1249.

张延青，杨坤，刘占良，2010. 大沽河干流青岛段水环境污染物排放预测[J]. 中国建设信息（水工业市场），（3）：69-75.

张倚铭，兰佳，李慧赟，等，2019. 新安江对千岛湖外源输入总量的贡献分析（2006—2016年）[J]. 湖泊科学，31(6)：1534-1546.

郑艳妮，闻昕，方国华，2015. 新安江流域气候变化及径流响应研究[J]. 水资源与水工程学报，26(1)：106-110.

周天军，邹立维，陈晓龙，2019. 第六次国际耦合模式比较计划（CMIP6）评述[J]. 气候变化研究进展，15(5)：445-456.

周星宇，黄晓荣，赵洪彬，2020. 基于主成分分析法的河流水文改变指标优选

［J］. 人民长江，51（6）：101-106.

Abdolghafoorian A，Dirmeyer P A，2021. Validating the land - atmosphere coupling behavior in weather and climate models using observationally based global products［J］. Journal of Hydrometeorology，22（6）：1507-1523.

Acreman M，Dunbar M，Hannaford J，et al.，2008. Developing environmental standards for abstractions from UK rivers to implement the EU Water Framework Directive［J］. Hydrological Sciences Journal，53（6）：1105-1120.

Anandhi A，Bentley C，Crandall C，2018. Hydrologic characteristics of streamflow in the southeast Atlantic and Gulf coast hydrologic region during 1939—2016 and conceptual map of potential impacts［J］. Hydrology，5（3）：42.

Arnold J G，Srinivasan R，Muttiah R S，et al.，1998. Large area hydrologic modeling and assessment part I：Model development［J］. JAWRA Journal of the American Water Resources Association，34（1）：73-89.

Chang N B，Imen S，Vannah B，2015. Remote sensing for monitoring surface water quality status and ecosystem state in relation to the nutrient cycle：A 40-year perspective［J］. Critical Reviews in Environmental Science and Technology，45（2）：101-166.

Chen D，Dahlgren R A，Lu J，2013. A modified load apportionment model for identifying point and diffuse source nutrient inputs to rivers from stream monitoring data［J］. Journal of Hydrology，501：25-34.

Chen S B，Chen L，Liu X J，et al.，2022. Unexpected nitrogen flow and water quality change due to varying atmospheric deposition［J］. Journal of Hydrology，609：127679.

Christopher B，Vicente B，Thomas F，et al.，2012. Managing the risks of extreme events and disasters to advance climate change adaptation：Special report of the intergovernmental panel on climate change［M］. London：Cambridge University Press.

Chu J，1994. The impact way of scouring and sedimentation of river bottom sediment on water quality[J]. Journal of Hydraulic Engineering, 11: 41-69.

Conley D J, Paerl H W, Howarth R W, et al., 2009. Controlling eutrophication: Nitrogen and phosphorus[J]. Science, 323(5917):1014-1015.

Dai Y, Shangguan W, Duan Q, et al., 2013. Development of a China dataset of soil hydraulic parameters using pedotransfer functions for land surface modeling[J]. Journal of Hydrometeorology, 14(3):869-887.

Deng O P, Chen Y Y, Lan T, et al., 2021. Contribution of atmospheric N deposition to riverine N load in a forest-dominated watershed through field monitoring for three years[J]. Chemosphere, 266:128951.

Donigian J A S, Bicknell B R, Imhoff J C, 1995. Hydrological Simulation Program-Fortran (HSPF)[J]. Computer Models of Watershed Hydrology, Water Resources Publications, Highlands Ranch, 395-442.

Dourte D R, Fraisse C W, Bartels W L, 2015. Exploring changes in rainfall intensity and seasonal variability in the Southeastern US: Stakeholder engagement, observations, and adaptation[J]. Climate Risk Management, 7:11-19.

Foissy D, Vian J F, David C, 2013. Managing nutrient in organic farming system: Reliance on livestock production for nutrient management of arable farmland[J]. Organic Agriculture, 3:183-199.

Gao B, Walter M T, Steenhuis T S, et al., 2004. Rainfall induced chemical transport from soil to runoff: Theory and experiments[J]. Journal of Hydrology, 295(4):291-304.

Gao Y, Zhou F, Ciais P, et al., 2020. Human activities aggravate nitrogen-deposition pollution to inland water over China[J]. National Science Review, 7(2):430-440.

Gironás J, Roesner L A, Rossman L A, et al., 2010. A new applications manual for the Storm Water Management Model (SWMM)[J]. Environmental Modelling & Software, 25(6):813-814.

Guo Y X, Fang G H, Xu Y P, et al., 2020. Identifying how future climate and land use/cover changes impact streamflow in Xin'an jiang Basin, East

China[J]. Science of The Total Environment，710：136275.

Gupta H V, Sorooshian S, Yapo P O, 1999. Status of automatic calibration for hydrologic models：Comparison with multilevel expert calibration[J]. Journal of Hydrologic Engineering，4(2)：135-143.

Hamad R, Balzter H, Kolo K, 2018. Predicting land use/land cover changes using a CA-Markov model under two different scenarios[J]. Sustainability，10(10)：1-23.

Hathout S, 1988. Land use change analysis and prediction of the suburban corridor of Winnipeg, Manitoba[J]. Journal of Environmental Management，27(3)：325-335.

He C S, Harden C P, Liu Y X, 2020. Comparison of water resources management between China and the United States[J]. Geography and Sustainability，1(2)，98-108.

Ho J C, Michalak A M, Pahlevan N, 2019. Widespread global increase in intense lake phytoplankton blooms since the 1980s[J]. Nature，574：667-670.

Hou P Q, Ren Y F, Zhang Q Q, et al, 2012. Nitrogen and phosphorous in atmospheric deposition and roof runoff[J]. Polish Journal of Environmental Studies，21(6)：1621-1627.

Hu D D, Xu M, Kang S C, et al. , 2022. Impacts of climate change and human activities on runoff changes in the Ob River Basin of the Arctic region from 1980 to 2017[J]. Theoretical and Applied Climatology，148(3)：1663-1674.

Huang Y, Xiao W H, Hou B D, et al. , 2021. Hydrological projections in the upper reaches of the Yangtze River Basin from 2020 to 2050[J]. Scientific Reports，11(1)：9720.

Huisman J, Codd G A, Paerl H W, et al. , 2018. Cyanobacterial blooms[J]. Nature Reviews Microbiology，16(8)：471-483.

IPCC, 2021. Climate change 2021：the physical science basis. Contribution of Working Group I to the Sixth Assessment Report of the Intergovernmental Panel on Climate Change [R]. Cambridge：Cambridge University

Press.

Jia Y L，Yu G R，Gao Y N，et al.，2016. Global inorganic nitrogen dry deposition inferred from ground and space-based measurements[J]. Scientific Reports，6(1):1-11.

Johnes P J，1996. Evaluation and management of the impact of land use change on the nitrogen and phosphorus load delivered to surface waters:the export coefficient modelling approach[J]. Journal of Hydrology，183(3):323-349.

Kalyanapu A J，Burian S，Mcpherson T，2010. Effect of land use-based surface roughness on hydrologic model output[J]. Journal of Spatial Hydrology，9(2):51-71.

Kennard M J，Pusey B J，Olden J D，et al.，2010. Classification of natural flow regimes in Australia to support environmental flow management[J]. Freshwater Biology，55(1):171-193.

Khawaldah H A，2016. A prediction of future land use/land cover in Amman area using GIS-based Markov Model and remote sensing[J]. Journal of Geographic Information System，8(3):412-427.

Knisel W G，1980. CREAMS:A field-scale model for chemicals，runoff，and erosion from agricultural management systems[R]. USDA Conservation Research Report，26.

Kunkel K，Andsager K，Easterling D，1999. Long-term trends in extreme precipitation events over the conterminous United States and Canada[J]. Journal of Climate，12(8):2515-2527.

Kuypers M M，Marchant H K，Kartal B，2018. The microbial nitrogen-cycling network[J]. Nature Reviews Microbiology，16(5):263-276.

Legates D R，Gregory J，McCabe J，1999. Evaluating the use of "goodness-of-fit" measures in hydrologic and hydroclimatic model validation[J]. Water Resources Research，35(1):233-241.

Lehtoranta J，Ekholm P，Vihervaara P，et al.，2014. Coupled biogeochemical cycles and ecosystem services[R]. Reports of the Finnish Environment Institute.

Li X，Feng J，Wellen C，et al.，2016. A Bayesian approach of high impaired river reaches identification and total nitrogen load estimation in a sparsely monitored basin[J]. Environmental Science and Pollution Research，24(1)：987−996.

Li X，Yeh A G O，2002. Neural-network-based cellular automata for simulating multiple land use changes using GIS[J]. International Journal of Geographical Information Science，16(4)：323−343.

Li Y，Yan D，Peng H，et al.，2021. Evaluation of precipitation in CMIP6 over the Yangtze River Basin[J]. Atmospheric Research，253：105406.

Liao W，Liu X P，Xu X Y，et al.，2020. Projections of land use changes under the plant functional type classification in different SSP-RCP scenarios in China[J]. Science Bulletin，65(22)：1935−1947.

Liu R M，Dong G X，Xu F，et al.，2015. Spatial-temporal characteristics of phosphorus in non-point source pollution with grid-based export coefficient model and geographical information system[J]. Water Science and Technology：71(11)：1709−1717.

Luo M，Hu G，Chen G，et al.，2022. 1 km land use/land cover change of China under comprehensive socioeconomic and climate scenarios for 2020—2100[J]. Scientific Data，9(1)：1−13.

Ma H，Yang D，Tan S K，et al.，2010. Impact of climate variability and human activity on streamflow decrease in the Miyun Reservoir catchment[J]. Journal of Hydrology，389(3−4)：317−324.

Ma X，Li Y，Zhang M，et al.，2011. Assessment and analysis of non-point source nitrogen and phosphorus loads in the Three Gorges Reservoir Area of Hubei Province，China[J]. Science of the Total Environment，(412−413)：154−161.

Maidment D R，1993. Handbook of Hydrology[M]. New York：McGraw-Hill.

Maraun D，Wetterhall F，Ireson A M，et al.，2010. Precipitation downscaling under climate change：Recent developments to bridge the gap between dynamical models and the end user[J]. Reviews of Geophysics，48(3).

Mehdi B, Ludwig R, Lehner B, 2015. Evaluating the impacts of climate change and crop land use change on streamflow, nitrates and phosphorus: A modeling study in Bavaria[J]. Journal of Hydrology: Regional Studies, 4:60-90.

Michalak A M, Anderson E J, Beletsky D, et al., 2013. Record-setting algal bloom in Lake Erie caused by agricultural and meteorological trends consistent with expected future conditions[J]. Proceedings of the National Academy of Sciences, 110(16):6448-6452.

Moriasi D N, Arnold J G, Van Liew M W, et al., 2007. Model evaluation guidelines for systematic quantification of accuracy in watershed simulations[J]. Transactions of the ASABE, 50(3):885-900.

Muelchi R, Rössler O, Schwanbeck J, et al., 2022. An ensemble of daily simulated runoff data (1981—2099) under climate change conditions for 93 catchments in Switzerland (Hydro-CH2018-Runoff ensemble)[J]. Geoscience Data Journal, 9(1):46-57.

Nash J E, Sutcliffe J V, 1970. River flow forecasting through conceptual models part I—A discussion of principles[J]. Journal of Hydrology, 10(3):282-290.

Neitsch S L, Arnold J G, Kiniry J R, et al., 2011. Soil and water assessment tool theoretical documentation version 2009[R]. Texas Water Resources Institute.

Ohara T, Akimoto H, Kurokawa J I, et al., 2007. An Asian emission inventory of anthropogenic emission sources for the period 1980—2020[J]. Atmospheric Chemistry and Physics, 7(16):4419-4444.

Edwin D O, Zhang X L, Yu T, 2010. Current status of agricultural and rural non-point source pollution assessment in China[J]. Environmental Pollution, 158(5):1159-1168.

Paerl H W, Huisman J, 2008. Climate: Blooms like it hot[J]. Science, 320(5872):57-58.

Paerl H W, Xu H, Hall N S, et al., 2015. Nutrient limitation dynamics examined on a multi-annual scale in Lake Taihu, China: Implications for controlling eutrophication and harmful algal blooms[J]. Journal of Freshwater Ecology，30(1):5-24.

Rao P Z，Wang S R，Wang A，et al.，2022. Spatiotemporal characteristics of nonpoint source nutrient loads and their impact on river water quality in Yancheng city，China，simulated by an improved export coefficient model coupled with grid-based runoff calculations[J]. Ecological Indicators，142:109188.

Richter B D，Baumgartner J V，Powell J，et al.，1996. A method for assessing hydrologic alteration within ecosystems[J]. Conservation Biology，10(4):1163-1174.

Rolls R J，Leigh C，Sheldon F，2012. Mechanistic effects of low-flow hydrology on riverine ecosystems:Ecological principles and consequences of alteration[J]. Freshwater Science，31(4):1163-1186.

Saputra M H，Lee H S，2019. Prediction of land use and land cover changes for north sumatra，indonesia，using an artificial-neural-network-based cellular automaton[J]. Sustainability，11(11):1-16.

Schindler D W，Hecky R E，Findlay D L，et al.，2008. Eutrophication of lakes cannot be controlled by reducing nitrogen input:Results of a 37-year whole-ecosystem experiment[J]. Proceedings of the National Academy of Sciences，105(32):11254-11258.

Schneider C，Laizé C L R，Acreman M C，et al.，2013. How will climate change modify river flow regimes in Europe? [J]. Hydrology and Earth System Sciences，17(1):325-339.

Servat E，Dezetter A，1991. Selection of calibration objective fonctions in the context of rainfall-ronoff modelling in a Sudanese savannah area[J]. Hydrological Sciences Journal，36(4):307-330.

Shen Z Y，Liao Q，Hong Q，et al.，2012. An overview of research on agricultural non-point source pollution modelling in China[J]. Separation and Purification Technology，84，104-111.

Shen Z，Qiu J，Hong Q，et al.，2014. Simulation of spatial and temporal distributions of non-point source pollution load in the Three Gorges Reservoir

Region[J]. Science of the Total Environment, 493:138-146.

Shrestha S, Bhatta B, Shrestha M, et al., 2018. Integrated assessment of the climate and landuse change impact on hydrology and water quality in the Songkhram River Basin, Thailand[J]. Science of the Total Environment, 643:1610-1622.

Strokal M, Kroeze C, Wang M, et al., 2016. The MARINA model (Model to Assess River Inputs of Nutrients to seAs):Model description and results for China[J]. Science of the Total Environment, 562:869-888.

Sun B, Zhang L X, Yang L Z, et al., 2012. Agricultural non-point source pollution in China:Causes and mitigation measures[J]. Ambio, 41(4):370-379.

Sun J Y, Wang X H, Chen A P, et al., 2011. NDVI indicated characteristics of vegetation cover change in China's metropolises over the last three decades[J]. Environmental Monitoring and Assessment, 179(1):1-14.

Tamaddun K, Kalra A, Ahmad S, 2016. Identification of streamflow changes across the continental United States using variable record lengths[J]. Hydrology, 3(2):24.

Tang L H, Yang D W, Hu H P, et al, 2011. Detecting the effect of land-use change on streamflow, sediment and nutrient losses by distributed hydrological simulation[J]. Journal of Hydrology, 409(1-2):172-182.

Tian J, Ge F, Zhang D Y, et al., 2021. Roles of phosphate solubilizing microorganisms from managing soil phosphorus deficiency to mediating biogeochemical P cycle[J]. Biology, 10(2):158.

Toms J D, Lesperance M L, 2003. Piecewise regression:A tool for identifying ecological thresholds[J]. Ecology, 84(8):2034-2041.

Tsihrintzis V A, Hamid R, 1998. Runoff quality prediction from small urban catchments using SWMM[J]. Hydrological Processes, 12(2), 311-329.

Tu M C, Smith P, 2018. Modeling pollutant buildup and washoff parameters for SWMM based on land use in a semiarid urban watershed[J]. Water, Air, and Soil Pollution, 229(4):1-15.

Ullah S, Tahir A A, Akbar T A, et al., 2019. Remote sensing-based quantification of the relationships between land use land cover changes and surface temperature over the Lower Himalayan Region[J]. Sustainability, 11(19):5492.

Veldkamp A, Fresco L O, 1996. CLUE-CR:An integrated multi-scale model to simulate land use change scenarios in Costa Rica[J]. Ecological modelling, 91(1-3):231-248.

Vitousek P M, Porder S, Houlton B Z, et al., 2010. Terrestrial phosphorus limitation:Mechanisms, implications, and nitrogen-phosphorus interactions[J]. Ecological Applications, 20(1):5-15.

Volk M, Bosch D, Nangia V, et al., 2016. SWAT:Agricultural water and nonpoint source pollution management at a watershed scale[J]. Agricultural Water Management, 175:1-3.

Wang A, Yang D, Tang L, 2020a. Spatiotemporal variation in nitrogen loads and their impacts on river water quality in the upper Yangtze River basin [J]. Journal of Hydrology, 590:125487.

Wang A, Tang L H, Wang T T, et al., 2014. Simulation of non-point source pollution in the upper basin of Xin'an jiang catchment using GBNP model [J]. Journal of Hydaulic Engineering, 45(11):1261-1271.

Wang A, Tang L H, Yang D W, 2016. Spatial and temporal variability of nitrogen load from catchment and retention along a river network:A case study in the upper Xin'anjiang catchment of China[J]. Hydrology Research, 47(4):869-887.

Wang L, Wang S P, Shao H B, et al., 2012a. Simulated water balance of forest and farmland in the hill and gully region of the Loess Plateau in China[J]. Plant Biosystems-An International Journal Dealing with all Aspects of Plant Biology, 146(sup1):226-243.

Wang Q R, Liu R M, Men C, et al., 2018. Application of genetic algorithm to land use optimization for non-point source pollution control based on CLUE-S and SWAT[J]. Journal of Hydrology, 560:86-96.

Wang S R, Rao P Z, Yang D W, et al., 2020b. A combination model for quantifying non-point source pollution based on land use type in a typical urbanized area[J]. Water, 12(3):729.

Wang X L, Wang Q, Wu C Q, et al., 2012b. A method coupled with remote sensing data to evaluate non-point source pollution in the Xin'anjiang catchment of China[J]. Science of the Total Environment, 430:132-143.

Wang X Y, Yang T, Yong B, et al., 2018. Impacts of climate change on flow regime and sequential threats to riverine ecosystem in the source region of the Yellow River[J]. Environmental Earth Sciences, 77(12):1-14.

Watts D G, Hanks R J, 1978. A soil-water-nitrogen model for irrigated corn on sandy soils[J]. Soil Science Society of America Journal, 42(3):492-499.

Whitehead P G, Barbour E, Futter M N, et al., 2015. Impacts of climate change and socio-economic scenarios on flow and water quality of the Ganges, Brahmaputra and Meghna (GBM) river systems:Low flow and flood statistics[J]. Environmental Science:Processes and Impacts, 17(6):1057-1069.

White R, Engelen G, 1993. Cellular automata and fractal urban form:a cellular modelling approach to the evolution of urban land-use patterns[J]. Environment and Planning A, 25(8):1175-1199.

Williams J R, 1995. The EPIC model[M]. Computer models of watershed hydrology, Water Resources Pulbications Highlands Ranch:909-1000.

Williams J R, Jones C A, Kiniry J, et al., 1989. The EPIC crop growth model[J]. Transactions of the Asae, 32(2):497-511.

Woldesenbet T A, Elagib N A, Ribbe L, et al., 2018. Catchment response to climate and land use changes in the Upper Blue Nile sub-basins, Ethiopia[J]. Science of the Total Environment, 644:193-206.

Woolway R I, Kraemer B M, Lenters J D, et al., 2020. Global lake responses to climate change[J]. Nature Reviews Earth and Environment, 1(8):388-403.

Xia T Y, Chen Z B, Jin S, 2017. New normal control of agricultural non-point source pollution in the Dianchi lake basin[J]. Meteorological and Environmental Research, 8(2):63-72.

Xiong J, Yin J, Guo S, et al., 2022. Annual runoff coefficient variation in a changing environment: A global perspective[J]. Environmental Research Letters, 17(6):064006.

Xu H, Paerl H W, Qin B, et al., 2015. Determining critical nutrient thresholds needed to control harmful cyanobacterial blooms in eutrophic Lake Taihu, China [J]. Environmental Science and Technology, 49 (2): 1051−1059.

Yan R, Huang J, Wang Y, et al., 2016. Modeling the combined impact of future climate and land use changes on streamflow of Xinjiang Basin, China[J]. Hydrology Research, 47(2):356−372.

Yang D W, Li C, Hu H P, et al., 2004. Analysis of water resources variability in the Yellow River of China during the last half century using historical data[J]. Water Resources Research, 40(6):308−322.

Yang D W, Herath S, Musiake K, 1998. Development of a geomorphology-based hydrological model for large catchments[J]. Proceedings of Hydraulic Engineering, 42:169−174.

Yang D W, Yang Y T, Xia J, 2021. Hydrological cycle and water resources in a changing world: A review[J]. Geography and Sustainability, 2(2), 115−122.

Yang X Y, Liu Q, Fu G T, et al, 2016. Spatiotemporal patterns and source attribution of nitrogen load in a river basin with complex pollution sources [J]. Water Research, 94:187−199.

You L Z, Spoor M, Ulimwengu J, et al., 2011. Land use change and environmental stress of wheat, rice and corn production in China[J]. China Economic Review, 22(4):461−473.

You Q L, Cai Z Y, Wu F Y, et al., 2021. Temperature dataset of CMIP6 models over China: Evaluation, trend and uncertainty[J]. Climate Dynamics, 57(1):17−35.

Yu X Z, Yang Z F, Zhong D Y, et al., 2006. Numerical model for interaction between sediment and pollutant in river[J]. Journal of Hydraulic Engineering, 37(1):10−15.

Zhang Y L，Deng J M，Qin B Q，et al.，2023. Importance and vulnerability of lakes and reservoirs supporting drinking water in China[J]. Fundamental Research，3(2):265-273.

Zhang Y Y，Xia J，Yu J J，et al.，2018. Simulation and assessment of urbanization impacts on runoff metrics:insights from landuse changes[J]. Journal of Hydrology，560:247-258.

Zhang Z，Huang P Y，Chen Z H，et al.，2019. Evaluation of distribution properties of non-point source pollution in a subtropical monsoon watershed by a hydrological model with a modified runoff module[J]. Water，11(5):993.

Zhai X Y，Zhang Y Y，Wang X L，et al.，2014. Non-point source pollution modelling using Soil and Water Assessment Tool and its parameter sensitivity analysis in Xin'anjiang catchment，China[J]. Hydrological Processes，28(4):1627-1640.

Zhai S J，Yang L Y，Hu W P，2009. Observations of atmospheric nitrogen and phosphorus deposition during the period of algal bloom formation in Northern Lake Taihu，China[J]. Environmental Management，44(3):542-551.

Zhou L，Dang X W，Sun Q K，et al.，2020. Multi-scenario simulation of urban land change in Shanghai by random forest and CA-Markov model[J]. Sustainable Cities and Society，55:102045.

Zhu J X，He N P，Wang Q F，et al.，2015. The composition，spatial patterns，and influencing factors of atmospheric wet nitrogen deposition in Chinese terrestrial ecosystems[J]. Science of the Total Environment，511:777-785.

Zhu J X，Chen Z，Wang Q F，et al.，2020. Potential transition in the effects of atmospheric nitrogen deposition in China[J]. Environmental Pollution，258:113739.

Zhu J X，Wang Q F，He N P，et al.，2016. Imbalanced atmospheric nitrogen and phosphorus depositions in China:Implications for nutrient limitation[J]. Journal of Geophysical Research:Biogeosciences，121(6):1605-1616.

符号和缩略语说明

CMIP6　第六次国际耦合模式比较计划（Coupled Model Intercomparison Project Phase 6）

DEM　数字高程模型（Digital Elevation Model）

DIN　溶解性无机氮（Dissolved Inorganic Nitrogen）

IDW　反距离权重插值法（Inverse Distance Weighting）

IHA　水文情势变化指标（Indicators of Hydrologic Alteration）

IPCC　政府间气候变化专门委员会（Intergovernmental Panel on Climate Change）

GBHM　基于地貌学的水文模型（Geomorphology-Based Hydrological Model）

GBNP　基于地貌学的非点源污染模型（Geomorphology-Based Nonpoint source Pollution Model）

GCM　全球气候模式（Global Climate Model）

GDP　国内生产总值（Gross Domestic Product）

MODIS　中分辨率成像光谱仪（Moderate Resolution Imaging Spectroradiometer）

MUSLE　修正的通用土壤流失方程（Modified Universal Soil Loss Equation）

N　氮（Nitrogen）

NDVI　归一化植被指数（Normalized Difference Vegetation Index）

NPSs　非点源（Nonpoint Sources）

NSE　纳什效率系数（Nash-Sutcliffe Efficiency）

P　磷（Phosphorus）

PBIAS　偏差百分比（Percent Bias）

RCPs　典型浓度路径（Representative Concentration Pathways）

RMSE　均方根误差（Root-mean-square Error）

RSR　均方根误差与观测标准差的比率系数（Ratio of the Root Mean Square Error to the Standard Deviation of Measured Data）

SSPs　共享社会经济路径（Shared Socioeconomic Pathways）

TN　总氮（Total Nitrogen）

TP　总磷（Total Phosphorus）

XRB　新安江流域上游（the Upper Xin'an River Basin）